Der Maschinenraumabzug in der britischen Schiffsvermessung.

Dissertation

zur Erlangung der Würde eines Doktor-Ingenieurs

der technischen Hochschule zu Berlin

vorgelegt am 24. Dezember 1919 von

Dipl. Ing. Johannes Albrecht

aus Gielow

Genehmigt am
20. Februar 1920.

Referent:
Professor W. Laas.

Korreferent:
Geh. Oberbaurat Professor Dr.-Ing. H. Hüllmann.

Springer-Verlag Berlin Heidelberg GmbH
1920

ISBN 978-3-662-24306-0   ISBN 978-3-662-26420-1 (eBook)
DOI 10.1007/978-3-662-26420-1

Inhaltsverzeichnis.

	Seite
Einleitung	3

I. Historisch-statistischer Teil.
a) Geschichtliche Entwicklung 5
b) Augenblicklicher Zustand 11
c) Der tatsächliche Anteil des Maschinenraumes am Raumgehalt des Schiffes 22

II. Kritischer Teil. 29
Zusammenfassung 42
Anhang 45
Verwendete Bücher und Zeitschriften 48
Lebenslauf 49

Die Arbeit erscheint als Vortrag gedruckt gleichzeitig im Jahrbuch der Schiffbautechnischen Gesellschaft, 21. Band 1920, Berlin, Verlag von Julius Springer.

Der Maschinenraumabzug in der britischen Schiffsvermessung.

Einleitung.

Die Vermessung der Seeschiffe gehört ihrer Methode wie ihrer Auswirkung nach zu den eigenartigsten Fragen der Technik und Wirtschaft von Schiffbau und Schiffahrt. Die ganze kaufmännische Auswertung eines Schiffes, die Tarifpolitik der Häfen und die gesamte Schiffahrtsstatistik sind untrennbar mit der Schiffsgröße und deren Feststellung verbunden. Würde durch die Schiffsvermessung eine einwandfreie Schiffsgröße festgestellt werden, so wäre sie eine objektiv gute Grundlage für alle diese Beziehungen. Leider aber gestattet die britische Schiffsvermessungsordnung, die fast restlos internationale Bedeutung erlangt hat, nicht nur eine unterschiedliche Behandlung angenähert gleichartiger Schiffe, sondern auch bei nur ganz geringfügigen Änderungen eine Größenveränderung ein und desselben Schiffes bis zu 50 % und mehr. Weder ist die Auslegung des Gesetzes restlos eindeutig festgelegt oder überhaupt festlegbar, noch bleiben konstruktive Einzelheiten des Schiffes ohne Einfluß auf das Ergebnis der Vermessungen. Alle diese Verhältnisse sind zu bekannt, als daß sie weiterer Ausführung bedürfen. Es folgt daraus, daß die Vermessung über die erwähnten Gebiete, für die sie die Grundlage bieten soll, hinaus auf wichtige konstruktive Einzelheiten, auf die Frage der Bildung der Schiffstypen, auf Entwurf, Raumverteilung, Verwendung des Schiffes in den verschiedenen Fahrten, wirtschaftlichen Ertrag und nicht zuletzt auf die Sicherheit und Seetüchtigkeit des Schiffes einen durchaus unberechtigten Einfluß ausübt.

Die heute bestehende Schiffsvermessungsordnung ist in bestem Glauben mit der aufrichtigen Absicht eingeführt, jeden derartigen Einfluß auszuschalten. Es ist dem unausgesetzten Kampf der Schiffahrtsinteressenten um die Erlangung immer weiterer Vorteile gegenüber den schwerbeweglichen Hafentarifen vorbehalten geblieben, das gegenwärtige schiefe und falsche Bild geschaffen zu haben. Dieser Kampf ist in England ausgefochten worden. Im täglichen Wettbewerb haben ihm die übrigen Staaten nachfolgen müssen. Es muß daher als ein verheißungsvolles Zeichen angesehen werden, daß gerade in England sich die Stimmung einsichtiger Schiffahrtspolitiker und Ingenieure immer mehr und mehr gegen den bestehenden Zustand zu wenden beginnt. Es erwächst daraus die Hoffnung, daß es doch noch einmal zu einer grundlegenden Neugestaltung der Schiffsvermessung kommen wird. Es ist auch nicht ausgeschlossen, daß der praktische Sinn der nach der Führung in der Schiffahrt strebenden Amerikaner den nie gewagten Schritt zur Abänderung tun wird.

Das Problem der Schiffsvermessung ist in den 65 Jahren der Gültigkeit der bestehenden Ordnung vielfach und ganz besonders gründlich in den verschiedenen vom Board of Trade zu diesem Zweck einberufenen Tonnage Committee's erörtert worden und hat auch sonst viele Bearbeiter gefunden. Auch fehlt es nicht an Vorschlägen für eine Neugestaltung. Wenn hier noch einmal versucht wird, das Problem zu behandeln, so soll hierbei das Ziel der Neugestaltung der gesamten Schiffsvermessung zurücktreten. Diese Untersuchung ist vielmehr von der Beobachtung veranlaßt, daß zwar das Problem in seiner Gesamtheit eine häufige Behandlung gefunden hat, daß es aber an einer gesonderten Behandlung der Einzelheiten mehr oder weniger fehlt. Nur eine solche kann aber schließlich zu einem klaren Überblick über das ganze Problem und somit zu neuen Vorschlägen oder zur Empfehlung bestimmter bereits gemachter Vorschläge führen.

Die Schiffsvermessung kennt bekanntlich einen Brutto- und einen Nettowert für die Schiffsgröße. Im allgemeinen geht das Streben dahin, jeden dieser Werte möglichst niedrig zu halten. Das Gegenteil tritt beim Bruttowert nur unter bestimmten Verhältnissen, z. B. bei Vercharterung, unter Umständen bei Schwergutfahrt, hier wegen der Beeinflussung des Freibords, zur Erzielung größerer Tragfähigkeit ein, wobei ein großes Netto, also eine Erhöhung der Belastung des Schiffes durch Hafenabgaben, auf Grund rein kaufmännischer Erwägungen in Kauf genommen wird. Abgesehen von einer Reihe von weniger einflußreichen Faktoren, ist es für die Brutto- und für die Nettovermessung je ein Hauptfaktor, der das Endergebnis ausschlaggebend beeinflußt: das sind für erstere die sog. offenen Räume, für letztere der Abzug für die Treibkraft.

Welchen weitreichenden Einfluß der Maschinenraumabzug auf das Nettoergebnis hat, zeigen die folgenden Beispiele:

I. Bei gleichbleibendem Bruttoraumgehalt wird der Nettoraumgehalt:

bei einem großen Segelschiff von 4026 B. R. T. = 3755 N. R. T.
„   „   „   Tankdampfer   „   4096   „   = 2544   „
„   „   „   Frachtdampfer   „   4196   „   = 2674   „
„   „   Fracht- u. Pass.-Dampfer   „   4059   „   = 2596   „

II. Der Bruttoraumgehalt wird bei gleichbleibendem Nettoraumgehalt:

bei einem großen Segelschiff = 4026 B. R. T. bei 3755 N. R. T.
„   „   „   Tankdampfer = 6268   „   „ 3637   „
„   „   „   Frachtdampfer = 6161 „   „ 3837   „
„   „   Fracht- u. Pass.-Dampfer = 6375 „   „ 3752   „

oder in einer anderen Größenanlage:

bei einem   Frachtdampfer   = 9 683 B. R. T. bei 6179 N. R. T.
„   „   Fracht-u.Pass.-Dampf. = 10 484   „   „ 6290   „
„   „   „   = 9 791   „   „ 6172   „
„   „   Schnelldampfer   = 19 361   „   „ 6353   „
„   „   Motortankschiff   = 9 932   „   „ 5915   „

Diesen Abzug für die Treibkraft in seinen Beziehungen zum heutigen Stande des Schiffbaus und der Schiffahrt näher zu untersuchen, ist Aufgabe dieser Abhandlung.

Die Grundlage aller folgenden Ableitungen, Statistiken usw. bilden die bei der hamburgischen Schiffsvermessungsbehörde vorgenommenen Seeschiffsvermessungen von 1905 bis 1915. Es handelt sich hierbei um über 500 Schraubendampfer, von denen hinreichende Unterlagen vorlagen, deren Benutzung die Deputation für Handel, Schiffahrt und Gewerbe in Hamburg gestattete. Um ein klares Bild zu gewinnen, sind alle Schiffe unter 1000 cbm Bruttoraumgehalt ausgeschieden worden, ebenso alle Raddampfer und Spezialschiffe. Es sind also ausschließlich Schraubenfracht- und Schraubenpassagierdampfer und Motorschiffe üblicher Handelsverkehrsgröße in den Kreis der Betrachtung gezogen worden. Aus demselben Grunde ist auch ein Berühren anderer Fragen der Schiffsvermessung nach Möglichkeit vermieden worden, auch wenn ein Eingehen darauf nahelag.

I. Historisch-statistischer Teil.

a) Geschichtliche Entwicklung.

Die Geschichte des Abzuges für Treibkraft ist einfach. Die Einführung der Dampfkraft zur Fortbewegung der Schiffe brachte dem industriereichen England die Möglichkeit, seine Überlegenheit in der Schiffahrt gewaltig zu stärken. Sobald daher einwandfrei feststand, daß dem Dampfschiff die Zukunft gehöre, setzten die Bestrebungen ein, dieser Schiffsart mit Hilfe der Vermessung von vornherein einen Vorsprung zu sichern. In der Vermessungsordnung vom Jahre 1835, dem sog. „New Measurement", der ersten Vermessungsordnung nach dem reinen Innenraumgehalt der Schiffe, ist bereits die Bestimmung enthalten, daß für die Treibkraft ein entsprechender Abzug vom Bruttoraumgehalt zu machen sei. Dieser Abzug ist von Anfang an nicht auf der tatsächlichen Vermessung der Maschinen-, Kessel- und Kohlenbunkerräume aufgebaut worden, sondern es wurde der ganze Raum des Schiffes zwischen den begrenzenden Maschinenraumendschotten, Länge $\times$ Breite $\times$ Tiefe, abgezogen. Hierbei wurde der nicht von den Treibkrafträumen unmittelbar beanspruchte Platz neben diesen Räumen als nicht für andere Zwecke geeignet und im allgemeinen für Maschinenzwecke verwendet mit abgezogen.

Diese Bestimmung des Abzuges mußte deshalb unzulänglich sein, weil die Länge zwischen den Endschotten nicht eindeutig gegenüber dem tatsächlichen Raumbedarf für die Maschinenanlage war. Das Streben nach Begünstigung der Dampfschiffe ist charakteristisch für die Zeit ihrer Einführung in die Schiffahrt. Wenn heute von einer Benachteiligung der Segelschiffe gegenüber den Dampfschiffen gesprochen wird, so ist das nicht richtig. Geschichtlich richtig ist, daß eine Bevorzugung der Dampfschiffe stattgefunden hat. Das macht zwar praktisch keinen Unterschied, ist aber grundsätzlich von wesentlicher Bedeutung.

Der außerordentlich verderbliche Einfluß der Schiffsvermessungsordnung von 1835 auf die technischen Eigenschaften der neuerbauten Schiffe führte bereits nach etwa 20 Jahren zu deren Beseitigung. Im Jahre 1854 wurde der bekannte Moorsomsche Vorschlag zum Gesetz erhoben, der, abgesehen von solchen Änderungen, die sich aus der Auslegung ergeben, noch heute trotz aller technischen Fortschritte und trotz seiner klar erkannten Mängel unverändert in Kraft ist. Das Verfahren stammt jedoch ursprünglich nicht von Moorsom. Die Messung des inneren Raumgehaltes ist bereits im Jahre 1775 von Chapman empfohlen und ihre Durchführung angegeben. Im Jahre 1816 vollendete Parker ein System für die Vermessung von Schiffen, fand aber damit keine Beachtung. Schließlich nahm Parsons die Sache auf, hatte aber ebensowenig Erfolg. Von ihm erhielt Moorsom das ganze Material, und ihm gelang es, damit durchzudringen. Die Moorsomsche Vermessung fand bei ihrer Einführung große Anerkennung. Scott Russel nennt 1860 das Gesetz „unfraglich eine der größten Wohltaten, die jemals von der Gesetzgebung dem Schiffbau zuteil geworden sind". Diese Auffassung wird verständlich, wenn man an die konstruktiven Folgen des alten Gesetzes denkt. Das Gesetz beabsichtigte ernsthaft die objektiv richtige Feststellung des nur für Erwerbszwecke vorhandenen und verwendbaren Raumes. Ohne Zweifel hat es dies Ziel auch in den ersten Jahren erreicht, solange seine Grundsätze noch nicht durchlöchert waren und soweit bei den behandelten Schiffen die tatsächlichen Verhältnisse an Bord dem als Grundlage angenommenen Mittel nahekamen. Für die jetzt bestehenden außerordentlichen Ungereimtheiten, die von außen in die allgemeine Vermessung hineingebracht worden sind, trägt Moorsom keine Schuld.

Den heutigen technisch vorgeschrittenen Verhältnissen mit großer Differenzierung der Schiffe nach Größe und Art entspricht das Gesetz jedoch nicht mehr. Das von Moorsom eingeführte System der Abzüge für die Treibkrafträume besteht noch heute so gut wie unverändert fort, abgesehen von der Beschränkung des Abzuges nach oben vom Jahre 1906. Es ist bemerkenswert, daß Moorsom selbst die Schäden dieses Systems und seine ungewollten, schwerwiegenden Folgen bereits im Jahre 1860 in einem Vortrag „On the new tonnage-law, as established in the merchant shipping act of 1854" vor der Institution of Naval Architects anerkannt hat. Moorsom nennt diesen Teil den „single defect" des Gesetzes.

Das Moorsomsche Verfahren für den Maschinenraumabzug ist bekannt. In der Fassung des heutigen deutschen Gesetzes, das dem englischen gleicht, lautet die Vorschrift:

Bei Schiffen, welche durch Dampf oder durch eine andere künstlich erzeugte Kraft bewegt werden, erfolgt ein fernerer Abzug vom Bruttoraumgehalt für die von der Treibkraft eingenommenen Räume. Die Größe dieses Abzuges ist in nachstehender Weise zu ermitteln:

a) Bei Raddampfern werden, wenn derjenige Teil des Maschinenraumes, welcher ausschließlich von der Maschine und den Dampfkesseln eingenommen wird oder für die wirksame Tätigkeit und ordnungsmäßige Bedienung derselben erforderlich ist, mehr als 20% und weniger als 30% des Bruttoraumgehalts beträgt, 37% des letzteren in Abzug gebracht.

Bei Schraubendampfern werden, wenn dieser Raum mehr als 13% und weniger als 20% des Bruttoraumgehaltes beträgt, 32% des letzteren in Abzug gebracht.

b) Wenn der unter a bezeichnete Teil des Maschinenraumes eines Schiffes den unter a festgesetzten Größenverhältnissen nicht entspricht, kann der Abzug auch in der Weise bewirkt werden, daß der körperliche Inhalt dieses Raumes ermittelt und bei Raddampfern unter Zuschlag von 50 % desselben, bei Schraubendampfern unter Zuschlag von 75 % von dem Bruttoraumgehalt in Abzug gebracht wird.

Für die Wahl des einen oder des anderen Verfahrens im Falle b gelten folgende Grundsätze:

Beträgt die Größe des Maschinenraumes bei Raddampfern nicht mehr als 20 %, bei Schraubendampfern nicht mehr als 13 % des Bruttoraumgehalts, so haben die Vermessungsbehörden den Abzug nach der unter b angegebenen Regel zu bewirken, sofern sie nicht von dem Schiffsvermessungsamt ausdrücklich angewiesen werden, in der unter a beschriebenen Weise zu verfahren und demgemäß für die von der Treibkraft eingenommenen Räume im ganzen 37 bzw. 32 % des Bruttoraumgehalts in Abzug zu bringen.

Beträgt der Maschinenraum bei Raddampfern 30 % oder mehr, bei Schraubendampfern 20 % oder mehr des Bruttoraumgehalts, so steht es dem Reeder frei, zu wählen, nach welcher der beiden Regeln der Abzug bewirkt werden soll. Macht derselbe hiervon keinen Gebrauch, so haben die Vermessungsbehörden nach der am Schluß des vorigen Absatzes gegebenen Vorschrift zu verfahren.

Es besteht die allgemeine Auffassung, daß der Unterschied zwischen dem tatsächlich ermittelten Maschinenraum und dem tatsächlichen Abzug in seinem ganzen Umfang als Vergünstigung für die Kohlenbunker, also als Zuschlag für Brennstoff, anzusehen ist. Diese Auffassung ist nur teilweise zutreffend. Im New Measurement wurden, wie bereits erwähnt, die Räume zu beiden Seiten der Treibkrafträume, im Raum sowohl wie im Deck, nicht ausdrücklich als Kohlenbunker mit abgezogen, sondern nur als für andere Zwecke, d. h. Ladungszwecke, nicht geeignet. Sie bilden also ein wichtiges Moment in der erzwungenen Bevorzugung der Dampfschiffe, um deren Einführung zu beschleunigen. Moorsom lehnt an sich einen Abzug für Brennstoff ab, da die Menge des Brennstoffs je nach der Länge der Reise wechselt. Er vergleicht, allerdings wenig glücklich, den Brennstoff mit den Vorräten usw. für zusätzliche Mannschaften, mit Reservegeschirr, Reservesegeln, Segeltuch an

Bord von Segelschiffen, die für den Unterhalt der Segel, als der Antriebsmaschine der Segelschiffe, erforderlich seien und für die auch kein Abzug gemacht werde. Dagegen erkennt er solche Bunkerräume, die neben den Maschinenräumen liegen, entsprechend dem alten Gesetz, in dem die hier liegenden Bunker nach der Art der Aufmessung tatsächlich mit abgezogen wurden, als durch den Zuschlag miterfaßt an, jedoch, wie aus der Entstehung und aus dem Zweck des Zuschlages hervorgeht, nur in diesem Sinne.

Das ist für die allgemeine Beurteilung des Abzuges für Treibkraft wichtig.

Moorsom sagt weiter: Es habe ursprünglich nicht die Absicht bestanden, für das neue Gesetz von der alten Methode der Bestimmung des Maschinenraumabzuges abzugehen, „aber um ein ungebührliches Anwachsen des Abzuges, das hier und da unter dem alten Gesetz durch eine übermäßige Ausdehnung der Länge oder des Abstandes zwischen den Endschotten erreicht wurde, zu verhindern, wurde es auf Verlangen der Reeder für wünschenswert gehalten, das alte Verfahren durch ein Prozentsystem, bezogen auf den Bruttoraumgehalt, zu ersetzen; es sollte derselbe Abzug wie bisher gewährt, aber die Möglichkeit des bisher gelegentlich geübten Mißbrauchs ausgeschaltet werden. Daraus ist das gegenwärtige System nach Prozentsätzen entstanden."

Daraus folgt, daß der Abzug für Treibkraft im neuen Gesetz genau dieselbe Bedeutung, nämlich in erster Linie die einer Vergünstigung für sonst schlecht verwertbare Räume im Bereich der Maschinenanlage, hatte wie im alten Gesetz, und daß der angenommene Wert von 32% weiter nichts darstellt als das Erfahrungsmittel aus der Größe der in den Vermessungen ermittelten Abzüge für die Maschine nach dem alten Gesetz, die möglichst genau in das neue Gesetz übernommen werden sollten. Wie dieser Abzug überhaupt entstanden ist, geht aus einer Bemerkung Scott Russels in der Diskussion zu Moorsoms Vortrag hervor, in der er sagt, der Maschinenraumabzug sei nicht durch den Verfasser des Gesetzes hineingebracht, „but forced in by gentlemen who thought the law, without it, would injuriously affect their interests".

Nach der geschichtlichen Entwicklung ist daher auch die vielfach geäußerte Auffassung nicht voll zu rechtfertigen, daß bei Schiffen, die einen Teil des flüssigen Brennstoffs im Doppelboden fahren oder bei denen Bunker in ausgeschlossenen Aufbauten liegen, durch den prozentualen Abzug für die Maschinen Räume abgezogen werden, die vorher nicht in den

Bruttoraumgehalt eingemessen waren. Solange Doppelböden als Ganzes von der Einvermessung ausgeschlossen werden, und solange es andere, von der Vermessung ausgeschlossene Räume gibt, deren Verwendung dem Reeder anheimgegeben ist, ist hierin keine Durchbrechung des Gesetzes zu erblicken. Daß die Räume neben der Maschine und neben den Schächten tatsächlich in der Hauptsache für die Unterbringung von Kohlenbunkern benutzt zu werden pflegen, liegt im Wesen der Raumausnutzung an Bord.

Moorsom zählt in seinem Vortrag die Nachteile auf, die sich als Folgen des prozentualen Abzuges eingestellt haben:

Durch geringe Änderungen läßt sich ein Anwachsen des Abzuges bei ein und demselben Schiff erreichen, der in Einzelfällen 43 % erreicht hat.

Das neue System gewährt den Küstendampfern mit starken Maschinen eine noch größere Bevorzugung, als es das alte Gesetz tat.

Bei Einführung des Gesetzes sollte eine eintretende Änderung der Tonnage Segelschiffe wie Dampfschiffe möglichst gleichmäßig treffen. Es ist tatsächlich unter dem neuen Gesetz eine Verringerung der Gesamttonnage gegenüber der nach dem alten Gesetz eingetreten. Hieran ist aber die Seglertonnage mit nur 7½ % beteiligt, die Dampfertonnage aber mit 14 %. Außerdem ist dieser Vorteil noch sehr ungleich zwischen Dampfer und Dampfer verteilt.

Diese Nachteile, die noch heute ebenso gelten, veranlaßten Moorsom, schon so wenige Jahre nach Inkrafttreten des Gesetzes, eine Abänderung der Bestimmungen über den Abzug für Treibkrafträume zu empfehlen, und zwar glaubte er, den besten Ausweg in der Rückkehr zu der Methode der früheren Vermessung zu sehen unter Beseitigung des Mißbrauches der Längenmessung des Maschinenraumes, gegen den allein das neue System eingeführt worden sei. Eine solche Änderung stimme auch mit den Ansichten des Committee on Tonnage vom Jahre 1857 überein, das die Großtonnage nach dem neuen Gesetz gebilligt, den Maschinenraumabzug aber für willkürlich und ungerecht zwischen den Dampfern selbst gehalten habe und ihn deshalb auf exakte Messung des eingenommenen Raumes habe stellen wollen.

Zu einer Änderung ist es jedoch weder damals noch überhaupt gekommen. Nur durch die Merchant Shipping Act von 1906 ist eine Bindung des Maschinenraumabzuges an den Höchstbetrag von 55 % des um die Räume für Mannschaft, Navigierung usw. verminderten Bruttoraumgehaltes eingeführt worden, um endlich den Zustand zu beseitigen, daß Schiffe mit sehr geringem oder gar keinem Nettoraumgehalt fuhren. Dadurch wurden bestimmte Häfen zwar vor dauernden schweren Schädigungen bewahrt. Es muß dies jedoch als eine sehr willkürliche Bestimmung angesehen werden. Ausgenommen von dieser Beschränkung sind auch jetzt noch alle reinen Schleppdampfer, bei denen infolge des Maschinenraumabzuges der Gesamtabzug durchweg größer ist als der ganze Bruttoraumgehalt.

Einige Einzelstaaten haben sich dem Vorgehen Englands in der Bestimmung des Maschinenraumabzuges nach Prozenten nicht angeschlossen, sondern bestimmen den Maschinenraumabzug nach der wirklichen Vermessung der vorhandenen Räume einschließlich aller festen Bunker. Die Einrechnung der Bunker ist erfolgt, um den Laderaum oder den ertragsfähigen Raum des Schiffes möglichst einwandfrei festzustellen. Die Konkurrenz mit England hat aber alle großen schiffahrtstreibenden Länder gezwungen, die britische Vermessung restlos zu übernehmen. In Deutschland erfolgte dieser Schritt 1895.

Auch in die Vorschriften für die Vermessung der Schiffe für die Fahrt durch den Suezkanal ist der Abzug der Kohlenbunker übergegangen. Bei der Vermessung der Maschinenräume nach der Donauregel heißt es darin: „Der Raumgehalt der Kohlenbehälter wird nicht vermessen, sondern bei Schraubendampfschiffen auf 0,75, bei Räderdampfschiffen auf 0,50 der ermittelten Maschinen- und Kesselräume angenommen." Ebenso wie bei der wirklichen Vermessung werden die Kohlenbunker zu den abzugsfähigen Maschinenräumen gerechnet. Ebenso verfährt die Panamavermessung.

b) Augenblicklicher Zustand.

In allen diesen Fällen sind gedanklich aus den für andere Zwecke infolge des Einbaues der Maschine nicht geeigneten Räumen speziell als Kohlenbunker gekennzeichnete Räume geworden, die durchweg hier liegen. An dieser Kennzeichnung ist aber die Abzugsfähigkeit auch auf nicht unmittelbar neben den Maschinenräumen gelegene Räume, die Bunkerzwecken dienen, übergegangen. Form, Anordnung und Ausdehnung der modernen Maschinenanlagen hat sich in den vergangenen 70 Jahren völlig geändert, ebenso ist die früher verhältnismäßig große Gleichartigkeit der Schiffe selbst und der Maschinen verschwunden. Deshalb mußte der von der Lage der Räume auf den Inhalt der Räume übergesprungene Begriff auch weiteren Räumen die Eigenschaft der Abzugsfähigkeit zulegen.

Die Schiffsvermessungsbehörde jedes Landes ist von sich aus verpflichtet, im Interesse der Wettbewerbsfähigkeit ihrer nationalen Reederei, die Schiffe nach Brutto- und Nettoraumgehalt so gering zu vermessen, wie dies im Rahmen des Gesetzes möglich ist. Da die Hafenabgaben fast ausschließlich nach dem Nettoraumgehalt erhoben werden, so ist vom Standpunkt der Reederei aus ein niedriges Netto ungleich wichtiger als ein niedriges Brutto. Hierbei ist zu bedenken, daß bei gleich großen Gesamtabzügen dem kleineren Brutto auch das kleinere Netto entspricht. Das geringste Netto wird also erreicht, indem man von einem möglichst kleinen Brutto möglichst große Abzüge macht.

Diese an sich selbstverständlichen Überlegungen sind zum Verständnis des folgenden zu beachten, da die Bruttovermessung in Wirklichkeit nicht alle Räume der Schiffahrt umfaßt, sondern, abgesehen von anderen Aufbauten, die hier nicht in Frage stehen, von den über dem Oberdeck liegenden Maschinenräumen, also durchweg von den Schächten, nur diejenigen Teile, die zur Erreichung eines möglichst günstigen Maschinenraumabzuges erforderlich sind. Nach dem Grundsatz, daß abzugsfähig nur solche Räume sind, die zuvor in den Bruttoraumgehalt eingemessen sind, können demgemäß auch von den Schächten bzw. Teilen von Schächten usw., die über dem Oberdeck liegen, als zum „aktuellen" (wie es nach einem unglücklich aus dem Englischen übernommenen Ausdruck heißt) Maschinenraum gehörig diejenigen Teile abgezogen werden, die vorher in den Bruttoraumgehalt eingemessen waren. Demgegenüber wird der aktuelle Maschinenraum unter dem Oberdeck unter allen Umständen eingemessen und abgezogen, da der Raumgehalt unter Deck als Ganzes festgestellt wird.

Die Schiffsvermessungsbehörden verfahren nun in folgender Weise: Erreicht der aktuelle Maschinenraum unter dem Oberdeck 13 oder mehr Prozent des Bruttoraumgehaltes, so würde eine Zumessung weiterer darüberliegender Schächte nur eine zwecklose Vergrößerung des Bruttoraumes und damit auch des Nettoraumes bedeuten, da nur der feste Satz von 32% ihres Rauminhaltes wieder abgezogen wird, gleichviel, ob die Größe des Maschinenraumes eben über 13 oder eben unter 20% liegt. Der Abzug ist also relativ am günstigsten an der unteren Grenze. Es werden deshalb auch keine Schächte mehr hinzugenommen, vorausgesetzt, daß es nicht möglich ist, mit Zurechnung der Schächte auf 20% zu kommen.

Erreicht der aktuelle Maschinenraum unter dem Oberdeck noch keine 13 %, so werden von den darüberliegenden Schächten nur genau soviele begrenzte Teile hinzugenommen, daß die 13 % des durch die zugemessenen Teile zu vergrößernden Bruttoraumgehaltes erreicht werden. Es ist hierbei Voraussetzung, daß durch ein Zumessen aller Schächte die nächste Grenze, 20 % des Bruttoraumgehalts, nicht erreicht werden.

In beiden Fällen wird also der Abzug von 32 % zur Wirkung kommen.

Besteht aber die Möglichkeit, durch Hinzumessen aller Schächte auf 20 % oder darüber zu kommen, so werden alle Schächte über dem Oberdeck eingemessen, um einen möglichst großen Maschinenraumabzug zu erreichen, denn mit Erreichung der 20 % springt der Gesamtabzug von 32 % auf $20 \times 1^3/_4 = 35\%$ und steigt von da ab unausgesetzt in diesem Verhältnis mit der Vergrößerung des Maschinenraumes. Beim Abzug kommt nicht mehr, wie vorher, nur ein fester Satz vom Bruttoraumgehalt zur Wirkung, sondern deren volle Größe nebst einem Zuschlag von 75 %. Das Erreichen der 20 % durch Zumessen der Schächte braucht nicht immer ein Vorteil für Schiffe zu sein, da der Nettoraumgehalt wegen des plötzlichen Zumessens der ganzen Schächte und infolge der vielseitigen Einflüsse aus der Vermessung trotzdem noch zunehmen kann. Auch kann, wenn auch selten, die Geringhaltung des Bruttoraumgehaltes unter Umständen für den Reeder das Wichtigere sein. Deshalb überläßt die Schiffsvermessungsordnung es dem Reeder in solchen Fällen zur Entscheidung, ob er sein Schiff nach der 32-%-Regel oder nach der sogenannten „Donauregel" behandelt sehen will. Diese praktisch scheinbar bedeutungslosen Fälle können bei den Küsten- und Ostseedampfern der üblichen Größe von 65—75 m Länge für Entwurf und Betrieb von großem Einfluß werden, besonders wenn Aufbauten für einige Passagiere hohe Schächte bedingen oder wenn der Konstrukteur die Größe der Schächte sorgfältig auswählt. Auch können zufällige geringe Änderungen, z. B. Aufbau eines Funkenhauses, auf diesen Schiffen unliebsame Überraschungen ergeben oder zu schwerwiegenden Unterschieden bei im übrigen völlig gleichen Schiffen führen. Hierdurch wird die Wettbewerbsfähigkeit der Schiffe untereinander unter Umständen stark beeinträchtigt werden.

Als Beispiel diene ein niedriges Schiff mit langer Maschinenanlage und verhältnismäßig hohen Aufbauten, z. B. ausgeschlossenem Schutzdeck und Brücke, also umfangreichen Schächten. Das Schiff habe einen Bruttoraumgehalt von 3000 cbm. Die Maschinenräume unter Deck sollen gerade 13 % erreichen, also nach der wirklichen Vermessung 390 cbm groß sein, während der Abzug dafür mit 32 % gleich 960 cbm wird. Der Abzug für Mannschafts- usw. räume betrage 240 cbm, so daß der Nettoraumgehalt = 3000 — (960 + 240) = 1800 cbm wird. Die hier nicht einvermessenen Kessel- und Maschinenschächte sollen so groß sein, daß die 20 % fast, aber nicht ganz erreicht werden, also etwa 250 cbm (Fall I).

Wenn der Bruttoraumgehalt dieses Schiffes durch Offenmachung irgendeines Raumes, z. B. des letzten Teiles des Schutzdecks, weiter verkleinert wird um 50 cbm, so wird durch die Zumessung der Schächte der Satz von 20 % erreicht, der Maschinenraumabzug steigt auf das $1^3/_4$ fache des Gesamtbetrages, und die Rechnung ergibt folgendes Bild:

Früherer Bruttoraumgehalt, vermindert um den
    Inhalt des offen gemachten Raumes . . . = 2950 cbm
Maschinenschächte . . . . = 250 cbm

              Neuer Bruttoraumgehalt   3200 cbm   3200 cbm

Davon ab:
Unveränderte allgemeine Abzüge . . . . . = 240 cbm
Maschinenraumabzug:
Wirkliche Vermessung = 390 + 250 = 640 cbm
Tatsächlicher Abzug, da $\frac{640}{3200}$ = 20 % = 640 × 1,75 = 1120 cbm

              Summe der Abzüge = 1360 cbm   1360 cbm

    (Fall II) Neuer Nettoraumgehalt   1840 cbm

Würde die Erreichung der 20 % nicht durch eine Verkleinerung des Bruttoraumgehaltes, sondern durch eine Vergrößerung der Schächte, durch Erhöhung oder Verbreiterung, erzwungen werden, so würde das Bild folgende Gestalt annehmen:

Ursprünglicher Bruttoraumgehalt . . . . 3000 cbm
Ursprüngliche Schächte . . . . 250 cbm
Vergrößerung der Schächte . . . . 15 cbm

              Neuer Bruttoraumgehalt   3265 cbm   3265 cbm

Davon ab:

Unveränderte allgemeine Abzüge . . . . 240 cbm

Maschinenraumabzug:

Wirkliche Vermessung = 390 + 250 + 15 = 655 cbm

Tatsächlicher Abzug, da $\frac{655}{3265} = 20{,}06\%$, = 655 × 1,75 = 1146 cbm

Summe der Abzüge = 1386 cbm   1386 cbm

(Fall III) Neuer Nettoraumgehalt   1879 cbm

In dem Beispiel war angenommen, daß das Schiff Schutzdeck und Brücke hat, die von der Vermessung ausgeschlossen sind. Für den Fall, daß diese Räume eingemessen werden und aus irgendeinem Grunde eine Verkleinerung der Schächte um 25 cbm, sonst aber keine Änderungen eintreten, ergeben sich für die einzelnen Zustände des Schiffes weiter folgende Nettoraumgehalte:

Der Inhalt der ausgeschlossenen Räume ohne Schächte und ohne den im Fall II zusätzlich ausgeschlossenen Teil unter dem Schutzdeck mit 50 cbm betrage 1520 cbm; der Rauminhalt der Schächte im Bereich des Schutzdecks betrage 100 cbm.

Dann ergibt sich (für Fall I)

Ursprünglicher Bruttoraumgehalt . . . . 3000 cbm
Dazu: Schutzdeck u. sonst. ausgeschl. Räume . . 1520 cbm
Schächte im Schutzdeck . . . . 100 cbm
Schächte über Schutzdeck . . . . 125 cbm

Neuer Bruttoraumgehalt 4745 cbm   4745 cbm

Davon ab:

Allgemeine Abzüge . . . . 240 cbm

Maschinenraumabzug:

Wirkliche Vermessung einschl. Schächte
= 490 + 125 = 615 cbm.

Tatsächl. Abz., da $\frac{615}{4745} = 12{.}96\ \%$, = 615 × 1.75 = 1076 cbm

Summe der Abzüge 1316 cbm   1316 cbm

(Fall IV) Neuer Nettoraumgehalt   3429 cbm

Würden die Schächte um soviel vergrößert, daß die 13 % erreicht werden, so zeigt die Vermessung schließlich folgendes Ergebnis:

Ursprünglicher Bruttoraumgehalt . . . . 3000 cbm
Dazu: Schutzdeck u. sonst. ausgeschl. Räume
    einschl. Schächte im Schutzdeck . . . . 1520 cbm
Schächte im Schutzdeck . . . . 100 cbm
Schächte über Schutzdeck . . . . 125 cbm
Vergrößerung der Schächte . . . . 5 cbm
                       Neuer Bruttoraumgehalt 4750 cbm   4750 cbm
Davon ab:
Allgemeine Abzüge . . . . 250 cbm
Maschinenraumabzug:
    Wirkl. Vermessung einschl. Schächte = 490 + 130 = 620 cbm

Tatsächlicher Abzug, da $\frac{620}{4750} = 13.05$,

32% von 4750 = 1520 cbm . . . . 1520 cbm
                     Summe der Abzüge = 1770 cbm   1770 cbm
    (Fall V) Neuer Nettoraumgehalt   2980 cbm

Nach diesen 5 Fällen ergibt sich folgende Zusammenstellung für den Brutto- und Nettoraumgehalt:

	Brutto	Netto	Netto : Brutto
Fall I	3000 cbm	1800 cbm	0.60
Fall II	3200 cbm	1840 cbm	0.58
Fall III	3265 cbm	1879 cbm	0.57
Fall IV	4745 cbm	3429 cbm	0.72
Fall V	4750 cbm	2980 cbm	0.63

Es ist hierbei zu beachten, daß es sich in allen 5 Fällen um genau dasselbe Schiff handelt, das, abgesehen von der technisch wie kaufmännisch völlig belanglosen geringen Vergrößerung oder Verkleinerung der Schächte, in allen Fällen auch in seiner Erwerbsfähigkeit genau dasselbe geblieben ist. Die Erhöhung der Tragfähigkeit des Schiffes infolge freibordlich günstigerer Behandlung in den letzten zwei Fällen bietet natürlich die Möglichkeit einer anderen kaufmännischen Verwertung, aber nur für bestimmte Ladungsarten; der Raumgehalt für Ladung bleibt auch hier derselbe.

    Es ist nach dem Vorstehenden unter den geltenden Vermessungsregeln also nur unter Berücksichtigung des Maschinenraumabzuges möglich, daß 5 Schwesterschiffe 5 verschiedene Bruttovermessungen mit Abweichungen von 7 bis 58 % und ebenso 5 verschiedene Nettovermessungen mit Abweichungen von 2 bis 90 % haben. Die Zahl der Möglichkeiten überhaupt ist damit aber noch keineswegs abgeschlossen. Zwischen ihnen kann und muß der Reeder wählen, wenn er sein Schiff am günstigsten ausnutzen will. In den meisten Fällen wird der Reeder ebensowenig wie der Konstrukteur in der Lage sein, die Tragweite dieser Entscheidungen zu beurteilen. Vielfach werden glückliche Entscheidungen hier nur Zufalltreffer sein, und es werden dem einen, ohne es zu wissen, Vorteile in den Schoß fallen, die anderen versagt bleiben.

Vor der Statistik aber und vor dem Streben nach einer gerechten und gleichmäßigen Behandlung aller Schiffe unter diesem Gesetz, wie es bei dessen Einführung erhofft wurde, kann dies Ergebnis selbstverständlich nicht bestehen. Daß diese Schwäche sehr bald erkannt worden ist und sich nicht erst, wie so manches andere, im Laufe der Jahrzehnte in die Vermessung eingeschlichen hat, beweist Moorsom selbst, wenn er schon im Jahre 1860 darauf hinweist, daß es durch ganz geringe Änderungen möglich ist, mit Hilfe des Maschinenraumabzuges den Nettoraumgehalt um 43 % zu vergrößern oder zu verkleinern.

Das durchgeführte Beispiel sucht natürlich äußerste Möglichkeiten, es bewegt sich aber nicht in Unmöglichkeiten. Verhältnisse, wie die geschilderten, können jederzeit bewußt oder unbewußt auf Schiffen der Küstenfahrt mit verhältnismäßig großen Maschinen eintreten.

Als Beispiel hierfür diene folgender Fall aus der Praxis. Ein Ostseedampfer wurde dreimal aus verschiedenen Gründen vermessen. Bei der ersten Vermessung waren keine offenen Räume von der Vermessung ausgeschlossen, bei der zweiten wurde ein Teil der langen Poop mit 762 cbm und bei der dritten Vermessung ein weiterer Teil mit noch 165 cbm ausgeschlossen. Die drei Vermessungen des sonst unveränderten Schiffes hatten folgendes Ergebnis:

Vermessung	I	II	III
Bruttoraumgehalt	3583 cbm	3054 cbm	2732 cbm
% der Maschinenräume	13.6%	21.1%	17.9%
Maschinenräume	1146 cbm	1130 cbm	874 cbm
Sonstige Abzüge	246 cbm	240 cbm	238 cbm
Summe der Abzüge	1392 cbm	1370 cbm	1112 cbm
Nettoraumgehalt	2191 cbm	1684 cbm	1620 cbm

Aber auch bei großen Schutzdeckschiffen tritt häufig der Fall ein, daß bei Einvermessung des Schutzdecks die Größe der Maschinenräume rettungslos unter 13 % sinkt, dem Schiff der „günstige Maschinenraumabzug" verloren geht und, absolut genommen, der Maschinenraumabzug für das wesentlich größere Schiff erheblich geringer wird als für das kleinere Schiff. Der Unterschied zwischen beiden zur Anrechnung kommenden Abzügen, der bei einem Schiff von 5000 B.-R.-T. 200 und mehr R.-T. betragen kann, ist als reiner Verlust für den Reeder anzusehen. Auch bei scharf kalkulierten Schiffen, bei denen die 13-%-Grenze gerade erreicht wird, können geringe bauliche Veränderungen ein Sinken unter diese Grenze verursachen und somit zu dauernden großen Verlusten für den Reeder führen. Die modernen großen Frachtdampfer bieten hierfür ein Beispiel, da der

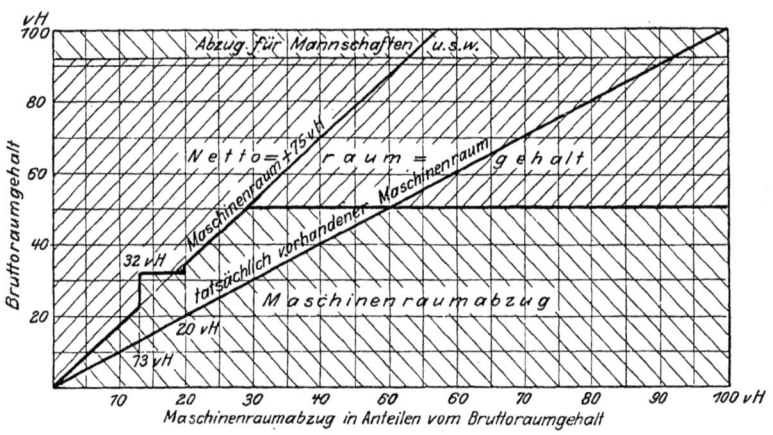

Abb. 1.

Raumbedarf ihrer hochwertigen Maschinen im Verhältnis zu den großen Schiffen gering ist und daher die Schächte zur Erreichung der 13 % in erheblichem Maße herangezogen werden müssen.

Zwischen den geschilderten äußersten Fällen nach beiden Seiten liegt die Masse der normalen Ergebnisse des Abzuges für die Treibkraft.

Abb. 1 zeigt in einer auch sonst schon gewählten Darstellung die Verteilung des Bruttoraumgehaltes bei steigenden Maschinenraumgrößen unter der Annahme, daß die sonstigen Abzüge für Mannschaft, Offiziere, Bootsmannsvorräte, Wasserballast im Mittel etwa 8 % des gesamten Bruttoraumgehaltes ausmachen. Die Ordinaten zeigen den bei jeder Maschinenraumgröße erzielbaren Nettoraumgehalt zwischen dieser und den 8 % sonstiger

Abzüge. Die Bestimmung, daß auf die Treibkraft nicht mehr als 55 % des um diese übrigen Abzüge verringerten Bruttoraumgehaltes als Abzug angerechnet werden darf, bewirkt, daß nur etwa 50 % des gesamten Bruttoraumgehaltes als Höchstmaß in Abzug kommen, also derselbe Satz, der in der Suez-, Panama-, schwedischen Vermessung z. B. vorgesehen ist. Infolgedessen ist jede Maschinenraumgröße über 28½ % des Bruttoraumgehaltes hinaus zwecklos zur Erreichung eines kleineren Nettoraumgehaltes. Von diesem Punkt an wird, wie gleichfalls aus dem Diagramm hervorgeht, der prozentuale Anteil des Netto- am Bruttoraumgehalte konstant. Die Beschränkung auf 55 % kann daher wohl geeignet sein, bei großen Maschinenanlagen unsozial zu wirken. Es besteht keine andere gesetzliche Handhabe, hier einen Mindestraum zu erzwingen; nur die an zulängliche Räume gewöhnte Erfahrung der Maschinenbauer vermeidet eine unzulängliche Raumgebung.

Diese Grenze ist von England zum Schutze einiger Häfen und Dockgesellschaften eingeführt worden, die in ihren Einnahmen durch die dauernde Verringerung des Nettoraumgehaltes allzu schwere Einbuße erlitten. Bei modernen Schiffen wird diese Grenze nur sehr selten erreicht. Die älteren Schnelldampfer lagen über dieser Grenze; die neuen Riesenschiffe liegen unmittelbar darunter, da die Aufbauten bei diesen Schiffen den Bruttoraumgehalt sehr hoch schieben. Von den untersuchten 556 Schiffen lag nur 1, ein kleines Schiff von 670 Br.-Reg.-To. über 28½ %. Dagegen fallen alle Fischdampfer unter diese Grenzbestimmung. Sie hat hier jedoch keine wesentliche Bedeutung, da die Fischdampfer, sofern sie ihren Bestimmungshafen zur Veräußerung ihres Fanges anlaufen, Hafenabgaben nicht nach dem Nettoraumgehalt, sondern nach dem Fangergebnis zu zahlen pflegen. Für die von der Beschränkung ausgeschlossenen Schleppdampfer hat sie keinen Wert, da sie von Hafenabgaben befreit sind.

Bei 13 % wird die gleichmäßige Linie des Zuschlages von 75 % zum tatsächlich vorhandenen Maschinenraum durch den Sprung auf den feststehenden Wert von 32 % unterbrochen. Die 32 % als Abzug bleiben bis zu 20 % Maschinenraum bestehen, obwohl der dann wieder einsetzende Zuschlag von 75 % bei 20 % einen höheren Wert, nämlich 35 % Gesamtabzug ergibt. Bei tatsächlich vorhandenem Maschinenraum von etwa 18½ bis 20 % tritt also eine Benachteiligung ein, die nicht auszugleichen ist. Noch klarer tritt dies hervor, wenn man den Verlauf der prozentualen Zuschläge zum tatsächlichen Maschinenraum absetzt (Abb. 2). Der sonst durchweg 75 % betragende Zuschlag springt bei 13 % auf 146 % und fällt bei 20 % auf nur 60 %. Infolge der Beschränkung des Gesamtabzuges auf 55 % des verringerten Bruttoraumgehaltes beginnt der Zuschlag bei etwa 28½ % abzufallen, und erreicht bei etwa 51 % Null.

Um den plötzlichen Sprung auf 32 % zu vermeiden, hat Wall im Frühjahr dieses Jahres in einem Vortrag vor der Instution of Naval Architects, besonders im Interesse moderner Maschinenanlagen, die einen geringeren Raumbedarf haben, vorgeschlagen, den Abstieg von 32 % nach unten ab-

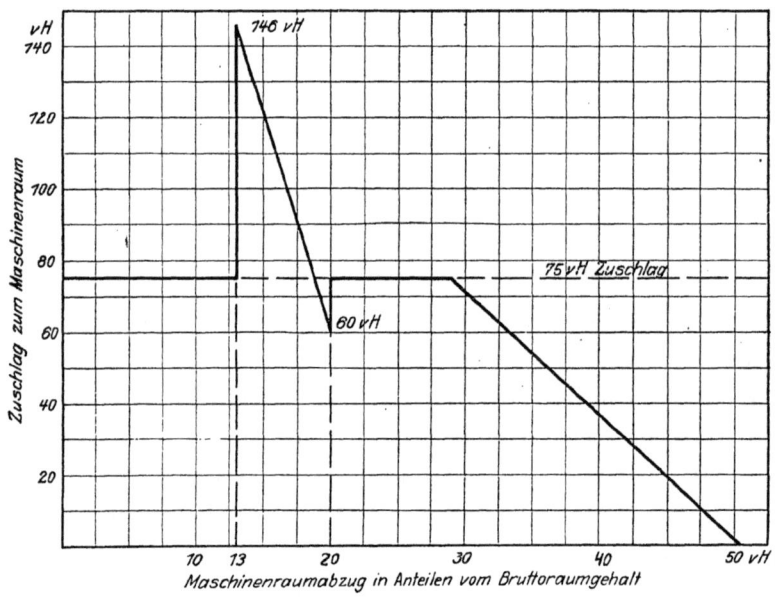

Abb. 2.

hängig von den ermittelten Prozentsätzen unter 13 % zu machen. Hat also ein Schiff nur 12 %, so soll der Abzug $\frac{12}{13} \times 32$ % betragen usw. Der Abstieg würde also auf einer Geraden von der mit „32 v. H." bezeichneten Ecke der Zuschlagskurve in Abb. 1 bis zum Nullpunkt erfolgen; ebenso in Abb. 2 auf einer Geraden von der mit „146 v. H." bezeichneten Spitze bis zum Nullpunkt. Dieser Vorschlag ist wohl ein Notbehelf, nicht aber eine Lösung der Frage. Es bleibt dabei außer Betracht, wie weit der aktuelle Maschinenraum überhaupt eingemessen werden soll, wenn die 13 %-Grenze überschritten wird. Es wird zwar versucht, bis zu dieser Grenze Gleichmäßigkeit zu schaffen, nicht aber darüber hinaus. Eine Beseitigung der Benachteiligung moderner Maschinenanlagen gegenüber älteren Anlagen wird nicht oder nur in abgeschwächter Form erreicht.

Die Zahl der Schiffe, deren Maschinenraum unter 13 % bleibt, ist sehr gering. Sie betrug bei 556 untersuchten Schiffen nur 12, also etwas über 2 %. Dies Ergebnis wird durch die Art, wie die Schiffsvermessung die Schächte zur Bruttovermessung heranzieht, erreicht. Hierdurch wird eine gewisse Milderung des Übergangs hergestellt. Aus demselben Grunde muß sich eine außerordentliche Häufung der Fälle ergeben, die unmittelbar über 13 % liegen, da

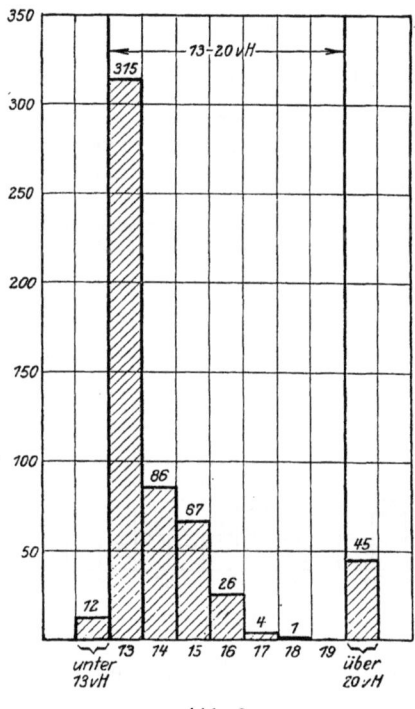

Abb. 3.

man sich bemüht, im Interesse eines möglichst kleinen Bruttoraumgehaltes möglichst dicht über 13 % zu bleiben. Abb. 3 zeigt diese Erscheinung in auffälliger Weise. Die Verteilung der Zahl der Schiffe auf die einzelnen Prozentzahlen fällt schnell mit wachsenden Prozentsätzen und das Verschwinden der Zahlen zwischen 18 und 20 % zeigt, daß die durch den festen Satz des Zuschlages von 32 % benachteiligte Strecke von 18½ bis 20 % eine praktische Bedeutung nicht erlangt.

In Abb. 4 sind die Felder zwischen 13 und 14 % und 14 und 15 % weiter nach Zehnteln der Prozente aufgelöst, und auch hier ergibt sich, daß das erste Zehntel über 13 %, also 13—13,1 % mit 112 den weitaus größten Anteil, nämlich 20 % aller 556 untersuchten Fälle hat. Das beweist, wie genau die gegenwärtige Vermessung im Interesse der Dampfer auf diese Grenze hinzuarbeiten in der Lage ist und auch hinarbeitet. Über 20 % Maschinenraum liegen 45 Fälle oder 8 % der bearbeiteten Schiffe.

c) **Der tatsächliche Anteil des Maschinenraumes am Raumgehalt des Schiffes.**

Auf der Grundlage der vorliegenden Ergebnisse der bestehenden Vermessungsvorschriften ist es außerordentlich schwer, einen klaren Überblick über den wirklichen Anteil des Maschinenraumes an dem Raumgehalt des Schiffes zu gewinnen. Der gemessene Treibkraftraum umfaßt nicht den

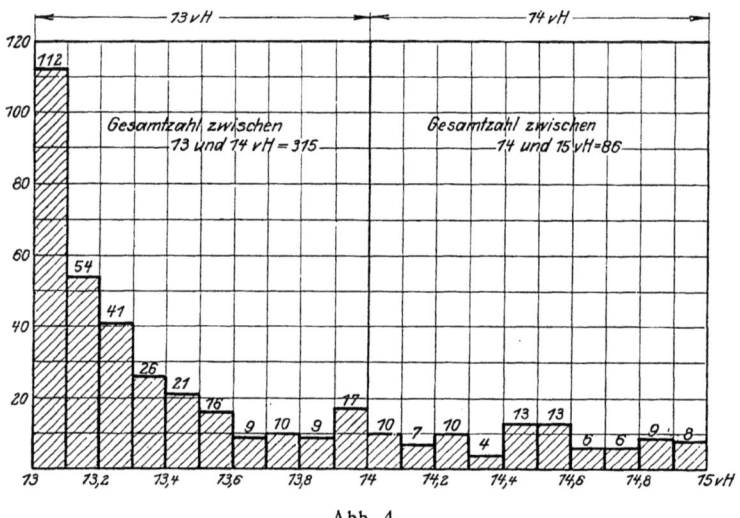

Abb. 4.

ganzen Maschinenraum bis zu einem bestimmten Deck oder einschließlich aller Schächte und ferner sind bei der Mehrzahl der Schiffe sog. offene, also nicht eingemessene Räume vorhanden, so daß der im Maßbrief angegebene Bruttoraumgehalt nicht das ganze Schiff einschließt. Um einigermaßen gute Grundlagen zu erhalten, ist es nötig, zunächst die nichteingemessenen Teile der Treibkrafträume zu den gemessenen Treibkrafträumen und gleichzeitig dem Bruttoraumgehalt zuzuschlagen, und zu diesem Bruttoraumgehalt dann noch die ausgeschlossenen Räume, soweit solche vorhanden sind. Das erstgenannte neue Brutto sei Brutto C, das zweite Brutto D. Selbst bei dieser einigermaßen genauen Herstellung des ganzen Raumgehaltes des Schiffes bilden die Schächte einen Unsicherheitsfaktor, weil ihre Höhe nicht vor der Maschine, sondern nur von der Einrichtung und dem Zweck des

Schiffes abhängt. Auf dieser Grundlage gerechnet ist das Verhältnis

$$\text{I.} \quad \frac{\text{Gesamter Treibkraftraum}}{\text{Brutto C}} = 0{,}162$$

bei 359 untersuchten Schiffen (im folgenden die eingeklammerten Zahlen). Schlägt man weiter zu den reinen Treibkrafträumen die festen Bunker und dann noch die Reservebunker, soweit sie abgegrenzt feststellbar sind, hinzu, so ergeben sich weiter folgende Verhältniszahlen:

$$\text{II.} \quad \frac{\text{Gesamter Treibkraftraum} + \text{fester Bunker}}{\text{Brutto C}} = 0{,}226 \quad (358) \text{ und}$$

$$\text{III.} \quad \frac{\text{Gesamter Treibkraftraum} + \text{feste Bunker} + \text{Reservebunker}}{\text{Brutto C}} = 0{,}277 \quad (180).$$

Die 32 %-Grenze wird also im Mittel der gesamten Schiffe nirgend erreicht. Tatsächlich lagen auch nur 6 Fälle von 358 beim zweiten Fall über 32 % und 30 von 180 beim dritten Fall. Da es sich bei den Reservebunkern um sehr zweifelhafte und ebenso gut für Ladungszwecke benutzte Räume handelt, so besteht die Tatsache, daß nur außerordentlich wenige Schiffe diese Grenze erreichen und der Gesamtabzug des Meßbriefes für Treibkrafträume durchweg weit mehr deckt als Maschinen-, Kessel- und Bunkerräume, wofür er nach allgemeiner Auffassung den Gegenwert bieten soll.

Die gleichen Verhältniszahlen für das Brutto D gebildet, ergeben die Werte 0,152 (364), 0,212 (360) und 0,263 (180). Hierbei sind, um Mittelwerte für alle Schiffe festzustellen, alle untersuchten Schiffe herangezogen, also auch die, die keine offenen Räume haben und bei denen daher Brutto C gleich Brutto D ist.

Wird die Ermittlung auf nur solche Schiffe beschränkt, bei denen offene Räume vorhanden sind, die nunmehr mitgerechnet werden, so sinkt das Verhältnis der gesamten Treibkrafträume zu Brutto D auf 0,145 (215), also im Mittel schon sehr nahe an die untere Grenze von 13 %. Dabei sanken im einzelnen nicht weniger als 31 Schiffe (von 201), also über 15 %, von über 13 % auf unter 13 %, und 7 von 14, also die Hälfte, von über 20 % auf unter 20 %. Einerseits zeigt dies, wie außerordentlich unvorsichtig es ist, Schiffe mit ausgeschlossenen Räumen, bei denen eine spätere Einvermessung dieser Räume immer im Bereiche der Möglichkeit liegt, unter den bestehenden Vermessungsvorschriften nicht mit genügend großen Maschinenräumen zu versehen. Andererseits sind diese Verhältnisse ein Beispiel dafür, wie stark der Konstrukteur durch diese Vorschriften in der unbehinderten Ausnutzung des gesamten Schiffsraumes behindert wird. Die beiden anderen Werte für die Treibkrafträume einschließlich fester und Reservebunker im Verhältnis zum Brutto D sind 0,199 (206) und 2,242 (97). Die Grenze von 32 % wird in diesen beiden letzten Fällen nur von 1 Schiff unter 206 und von 2 Schiffen unter 97 erreicht. Das ist praktisch gleich Null.

Raum/i. P. S. im Mittel der Jahre 1888—1914 (ohne Kohlenbunker).

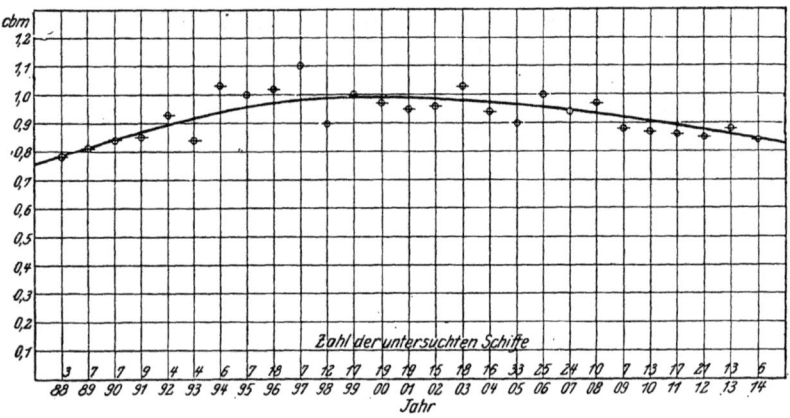

Abb. 5.

Raum/i. P. S., geordnet nach Maschinenleistung (ohne Kohlenbunker).

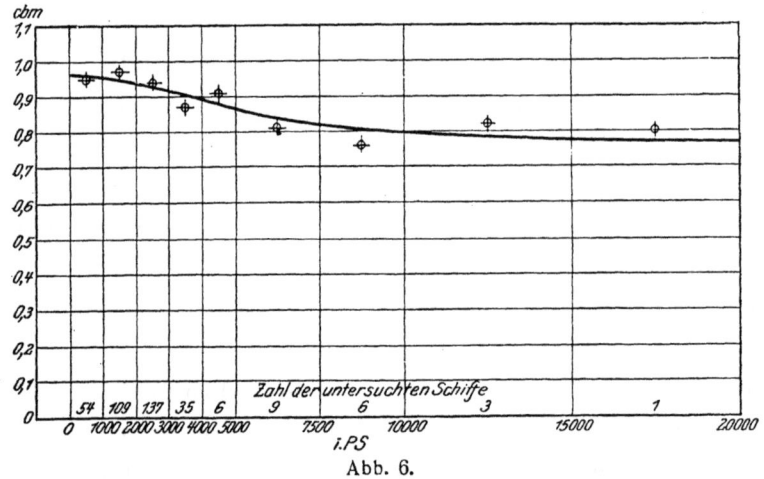

Abb. 6.

Ein anderes Mittel zur Beurteilung der vorliegenden Frage bietet das Verhältnis $\frac{\text{Maschinenraum}}{\text{i. P. S.}}$, also der Raum für eine indizierte Pferdestärke. Dieser Raum betrug, bezogen auf den angerechneten Abzug im Meßbrief, 1,871 cbm bei 490 untersuchten Schiffen. Der tatsächlich eingemessene Raum war 0,831 cbm und der vorhandene 0,944 cbm. Für den Bruttoraumgehalt, und dadurch auch für den Nettoraumgehalt blieben also 0,11 cbm/i.P.S. unberücksichtigt.

Werden die untersuchten Schiffe nach dem Baujahr geordnet, so ergibt sich die in Abb. 5 dargestellte Kurve für den Raumbedarf/i. P. S. Der Anstieg in den Jahren bis 1898 etwa ist vielleicht, abgesehen von der Unsicherheit durch die geringe Zahl der zur Verfügung stehenden Schiffe — die Punkte liegen z. T. weit voneinander —, in der noch nicht eingetretenen Wirkung der sozialen Bestrebungen und in dem Wachsen der Maschinenleistung ohne wesentliche technische Weiterentwicklung begründet. Der Übergang zur 4-fach-Expansionsmaschine vergrößert den Maschinenraum, weil sie sich länger baut als die 3-fach-Expansionsmaschine gleicher Leistung. Mit der 4-fach-Expansionsmaschine aber tritt ein Stillstand ein. Nur die Leistung wird erhöht, die keine wesentliche Verlängerung der Maschine bringt. Dann greifen in verhältnismäßig schneller Folge technische Verbesserungen Platz unter weiterer Steigerung der Maschinenstärke. So zeigt sich von 1902 ab ein deutliches Abfallen der Kurve.

Durch diesen geringen Raumbedarf tritt aber die Gefahr der Unterschreitung der 13 % ein, die eine Belastung des Reeders darstellen würde und zugleich eine Benachteiligung des Schiffes mit einer alten Maschine gegenüber einem gleichgroßen Schiff mit moderner Maschine höherer Geschwindigkeit.

In gleicher Weise zeigt eine Ordnung nach Leistung ein Absinken der Raumkurve mit zunehmender Leistung. (Abb. 6.) Im Bereich bis zu 20 000 i. P. S. kann man eine Verringerung von nicht ganz 1 cbm bis auf nicht ganz 0,8 cbm feststellen. Das Absenken der Kurve unter die beiden letzten Punkte ist berechtigt, weil die allein jenseits der 20 000 i. P. S.-Grenze liegenden großen Turbinenschiffe nur 0,69 cbm i. P. S. haben. Das Fallen der Kurve in ihrem zweiten Teil auf der vorhergehenden Abbildung ist also nicht nur durch technische Verbesserungen, sondern auch durch die Steigerung der durchschnittlichen Maschinenleistung bedingt.

Wird der Raum/i. P. S. auf die Maschinenart bezogen, so ergeben sich folgende Werte:

2 fach-Expansionsmaschine . . . . 0,85 cbm/i. P. S. (19)
3 „ „ . . . . 0,94 „ (250)
4 „ „ . . . . 0,97 „ (94)
Kolbenmaschine + Turbine und reine Turbine . 0,75 „ (4)
Ölmaschine . . . . 0,54 „ (3)

Die Entwicklung der Ölmaschine darf als noch nicht abgeschlossen angesehen werden. Schon jetzt zeigt sie einen wesentlich geringeren Raumbedarf als fast alle anderen Maschinen. Dazu tritt der außerordentlich geringe Raumbedarf des Brennstoffes, so daß hier ein besonders großer Widerspruch zwischen Abzug und tatsächlichem Raumbedarf auftritt. Es liegt hier die Gefahr besonders nahe, daß wertvoller Raum verschwendet wird, um auf 13 % zu kommen, oder daß die Motorschiffe diese Grenze nicht erreichen und gegen andere Schiffe mit weniger hochwertiger Maschinenanlage in schweren Nachteil geraten.

Die Zahl der Maschinen bleibt auf die Raumeinheit ohne Einfluß. Die errechnete Raumeinheit beträgt 0,94 cbm/i. P. S. bei 318 Einschraubenschiffen und gleichfalls 0,94 cbm bei 51 zwei und mehr Schrauben.

Raumvergleich (Kessel- und Maschinenraum).

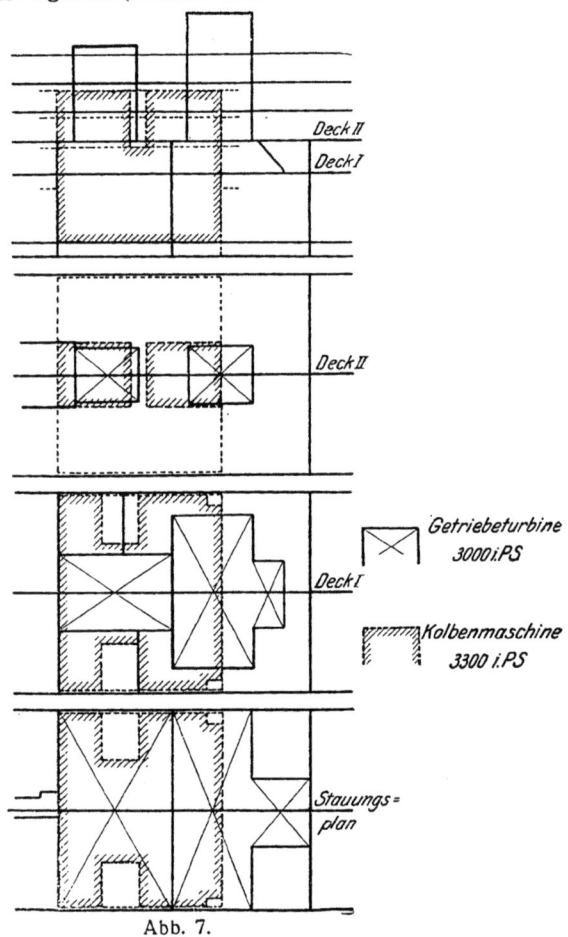

Abb. 7.

Alle Werte Raum/i. P. S. sind in der Weise ermittelt, daß der gesuchte Wert für jedes einzelne Schiff festgestellt und daraus das Mittel gezogen worden ist. Diese Methode erschien richtiger als die andere, alle Räume und alle Pferdestärken für die ganzen in Frage kommenden Schiffe zusammenzufassen und daraus den Quotienten zu bilden, weil so die Individualität jedes einzelnen Schiffes in ihrer Wirkung auf das Endergebnis zum Ausdruck kam.

Für die augenblicklich am meisten interessierende Maschinenart, Turbine mit Räder- oder hydraulischem Getriebe, lagen Ausführungen noch nicht vor. Durch die Freundlichkeit der Woermann- und der Hamburg-Amerika-Linie, sowie der Firma Blohm & Voß war es möglich, die Wirkung

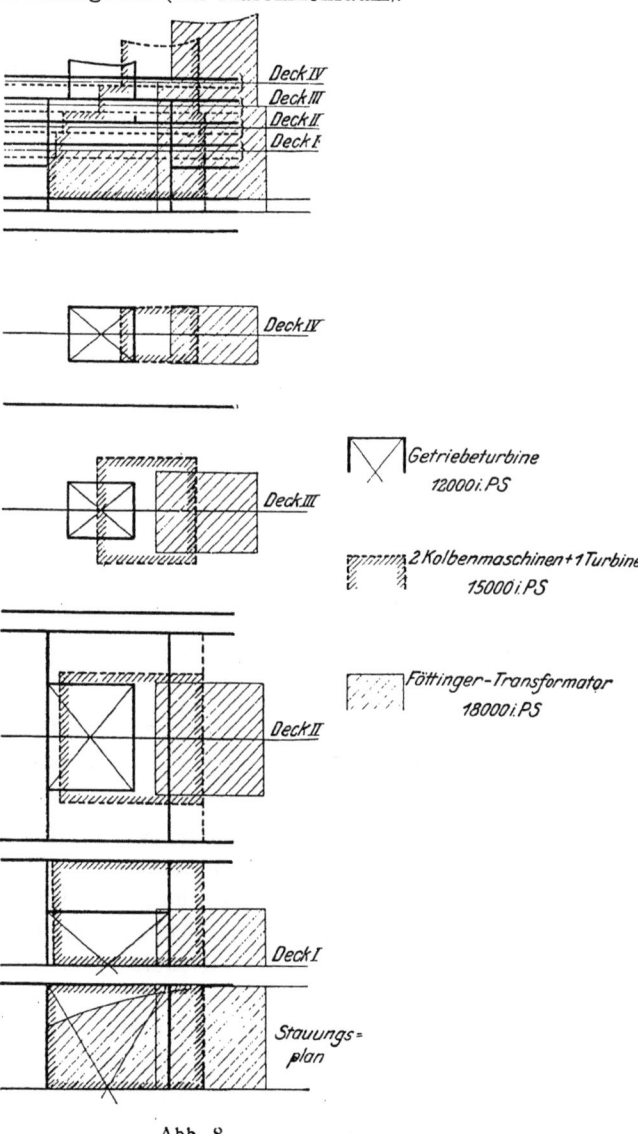

Abb. 8.

dieser Maschinenart auf die Raumgröße wenigstens an allgemeinen Projekten zu prüfen. Das bezeichnende dieser Maschinenart ist, daß sie in die Länge und Breite, nicht aber in die Höhe baut. Deshalb läßt sich bei Zylinderkesseln und Kohlenfeuerung in der Grundfläche eine Ersparnis nicht nachweisen, wohl aber in der Höhe insofern, als die eigentlichen Schächte in der Regel bereits ein Deck tiefer beginnen als bei der gleich großen Kolbenmaschine. Aus den beifolgenden beiden Abbildungen (7 u. 8) ist das klar ersichtlich. Der Frachtdampfervergleich ist für das Triebturbinenschiff verhältnismäßig ungünstig, weil die in Vergleich gestellte Kolbenmaschinenanlage ganz besonders eng an die Maschine herangerückte Kessel ohne Trennungsschott hat. Bei dem Vergleich der Passagierdampfer konnte ein Schiff mit hydraulischen Transformatoren herangezogen werden. Es zeigt sich, daß diese Maschine einen besonders langen aber auch sehr niedrigen Raum benötigt. Das erste Deck über dem Transformatorenraum geht ohne Unterbrechungen von Bord zu Bord durch.

Im ganzen wird der Raum für die Maschine selbst ungefähr derselbe bleiben, nur bei den Schächten dürfte eine erhebliche Ersparnis vom konstruktiven Standpunkt aus zu erwarten sein, deren Beschränkung durch die Vermessung sehr bedauerlich sein würde.

Vom konstruktiven Standpunkt aus gesehen, stehen wir vor einer weiteren Umwälzung im Handelsschiffsmaschinenbau, nämlich vor dem Übergang von der Kohlen- zur Ölfeuerung. Mit diesem Schritt ist eine weitere erhebliche Raumersparnis verbunden. Wall gibt in seinem bereits erwähnten Vortrag folgende beachtenswerte Zusammenstellung über die Verminderung des Raumbedarfs moderner Maschinenanlagen gegenüber alten Anlagen:

Art des Schiffes	Art der Maschine	Verringerung des Raumbedarfs
1. Fracht- und Passagierschiff; L = 183 m	Zylinderkessel mit Kohlenfeuerung, Getriebeturbinen mit doppelter Übersetzung	13 v. H.
2. Fracht- und Passagierschiff; L = 183 m	Zylinderkessel mit Ölfeuerung, Getriebeturbinen mit dopp. Übersetzung	33 „
3. Fracht- und Passagierschiff; L = 162 m	Zylinderkessel mit Kohlenfeuerung, Getriebeturbinen mit doppelter Übersetzung	10 „
4. Frachtschiff; L = 122 m	Ölmaschine	37 „
5. Frachtschiff; L = 122 m	Zylinderkessel mit Kohlenfeuerung, Ljungström-Turboelektr. Anlage	10 „
6. Küstenfrachtschiff; L = 46 m	Ölmaschine	20 „

Ferner gibt Wall ein Beispiel für ein 20 000 Br.-Reg.-Tonnen-Schiff mit alter Anlage und mit einer hochmodernen Anlage. Bei richtiger Raumanordnung fällt der aktuelle Treibkraftraum von 14 auf 10 %, also der angerechnete Abzug von 32 % auf 17,5 %. Infolgedessen steigt der Nettoraumgehalt um 24 %, während der tatsächliche Zuwachs an Laderaum nur 5 % beträgt.

Die gegenwärtige technische Entwicklung scheint aber noch darüber hinauszugehen. Der kürzlich vollendete amerikanische Dampfer „Andrea F. Luckenbach" (Abb. 9) zeigt eine kaum übertreffbare Zusammendrängung der Maschinenanlage. Die beiden Triebturbinensätze von je 3000 PS sind ganz an die Seiten gerückt, was durch Anwendung der „Simpon-Gordon-Wellentunnel" ermöglicht und bedungen wird. Unmittelbar davor stehen im selben Raum 4 Wasserrohrkessel mit Ölfeuerung. Im Verhältnis zur

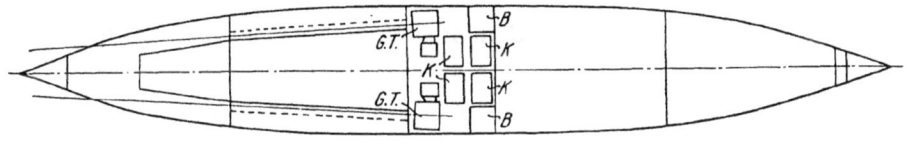

Abb. 9.

Länge des Schiffes und zu der großen Leistung der Anlagen wirkt der Maschinenraum geradezu überraschend kurz.

Aus allem geht hervor, daß die gegenwärtige sprunghafte Entwicklung des Schiffsmaschinenbaus in einen scharfen Widerstreit mit den die Entwicklung hemmenden Vorschriften der Schiffsvermessung zu treten beginnt, bei dem der Reeder vor schweren Entscheidungen und möglichen Verlusten steht. Der Konstrukteur soll technisch, der Reeder will kaufmännisch das wirtschaftlichste Schiff erreichen. Technisch richtig ist nur das Schiff, bei dem der Treibkraftraum nicht größer als unbedingt erforderlich ist. Die Begriffe technisch richtig und kaufmännisch richtig sollen sich vom wirtschaftlichen Standpunkt aus decken. Tun sie das nicht, so ist die Grundlage ungesund. Es ist ein unhaltbarer Zustand, daß bei einem Schiff wertvoller Raum und technischer Fortschritt geopfert werden muß, falls der Reeder ein wettbewerbsfähiges Schiff erhalten soll.

II. Kritischer Teil.

Das Problem der Schiffsvermessung krankt daran, daß es mit zu vielen Rücksichten belastet ist. Diese Rücksichten auf die statistische, kaufmännische, hafentarifliche und soziale Auswertung sind es gewesen, die einer

Neugestaltung bisher immer entgegengestanden haben. Sie finden ihren klassischen Ausdruck in dem Endurteil der Mehrheit des Committee on Tonnage vom Jahre 1906, das zu dem Ergebnis kommt: nicht an dieser schwierigen Materie rühren, die englische Reederei ist unter diesem Gesetz groß und mächtig geworden. Die Erkenntnis, daß eine Abänderung dringend erforderlich ist, ist und wird trotzdem Gemeingut aller derjenigen, die sich geschäftlich oder amtlich mit der Schiffsvermessung zu beschäftigen haben.

An Abänderungsvorschlägen hat es nicht gefehlt, doch erstrecken sich diese vielfach auf eine grundlegende Änderung, ja radikale Beseitigung der jetzigen Ordnung. Da hier nur der Maschinenraumabzug im Rahmen der bestehenden Schiffsvermessungsordnung behandelt werden soll, so können diese weitgehenden Vorschläge außer Acht gelassen werden.

Abänderungsvorschläge für die Behandlung der Treibkrafträume innerhalb der Raumvermessung können sich in folgenden Bahnen bewegen:

entweder behalten sie den Weg des prozentualen Abzuges bei,

oder sie befürworten die tatsächliche Vermessung einschließlich der Kohlenbunker oder ohne diese,

oder sie gehen auf die in den Räumen untergebrachten i. P. S. zurück.

Zur Beurteilung der gesamten Frage im allgemeinen genügt es jedenfalls, zu diesen drei Fragen Stellung zu nehmen.

Jede wirklich brauchbare Vermessung muß so geartet sein, daß sie

1. objektiv gerecht ist und wirkt,

2. völlig eindeutig ist,

3. weder für den Besteller, noch für den Erbauer irgendeine Bindung enthält, also auch nicht von sich aus irgendwie gestaltend auf die behandelten Räume einwirkt.

An diesen Forderungen gemessen, versagt die bestehende Behandlung der Maschinenräume völlig. Sie ist weder gerecht, noch eindeutig, noch wirkt sie nicht bindend. Jeder Bauvertrag enthält die Bedingung: „Die Größe der Maschinenräume ist so zu bemessen, daß der Abzug von 32 % erreicht wird", gleichgültig, ob es sich um eine normale Kolbenmaschine handelt oder um ein Motorschiff. Aber auch jeder wie auch immer formulierte prozentuale Abzug entspricht keiner dieser Bedingungen, da er immer auf eine andere Größe zurückgeht, die von den verschiedensten, nicht auszuschaltenden Einflüssen bedingt wird. Die Abhängigkeit von einem Wert für die gesamte Schiffsgröße, zumal von einem so fragwürdigen Wert, wie ihn die heutige Bruttovermessung darstellt, ist immer eine Vergewaltigung der in der Maschinenanlage niedergelegten wirtschaftlichen Absichten des Reeders. So ist es z. B. wirtschaftlich ein Unding, wenn in einem großen Segler eine kleine Maschine in einen riesengroßen, sonst völlig leeren Raum gesetzt wird, oder wenn bei einem Motorschiff eine an sich mögliche Verringerung des Motorenraumes zugunsten einer Vergrößerung des Laderaumes nicht ausgenutzt wird, nur um den Abzug von 32 % oder überhaupt einen möglichst großen Abzug zu erreichen. Es bedarf schärfster kaufmännischer Überlegung, ob der Verlust an Frachtraum durch die Ersparnis an Hafen- und Kanalgeldern und den Gewinn an Reisedauer wieder eingebracht wird. Ähnlich liegen die Verhältnisse im Vergleich zweier Dampfer mit gleichem Bruttoraumgehalt, von denen der eine, völligere mit einer schwächeren Maschinenanlage und mit geringerer Geschwindigkeit die 13 % für den Abzug von 32 % gerade erreicht, während der andere, schlankere und schnellere die 20 % noch nicht erreicht, also gleichfalls nur 32 % abgezogen erhält oder, allgemein gesprochen, bei denen der gleiche Prozentsatz vom Bruttoraum zur Anrechnung kommt. Diese Beispiele lassen sich beliebig vermehren, zumal wenn man die Leistungsunterschiede bei verschiedenen modernen Maschinenarten im Verhältnis zum beanspruchten Raum in Betracht zieht. Auch die Neuaufstellung der Prozentsätze auf Grund der gegenwärtigen Verhältnisse würde, abgesehen von der Schwierigkeit überhaupt, nur vorübergehend zu einem Ergebnis führen, da die heutige Entwicklung der Technik wesentlich schneller fortschreitet als vor 60 Jahren.

Die Vermessung des tatsächlich vorhandenen Raumes, und zwar entweder des ganzen Raumes einschließlich aller Schächte oder der Schächte nur bis zum obersten Deck der von Bord zu Bord reichenden Aufbauten, hat dagegen den unbedingten Vorzug der Eindeutigkeit. Sie verlangt aber, um gerecht zu wirken, einige Begrenzungen, da der Raum vom Reeder oder Konstrukteur beliebig groß gemacht werden kann, um für den Schiffstyp je nach seinem Verwendungszweck, z. B. ob für Leicht- oder Schwergut, oder ob für reine Fracht- oder für reine Passagierfahrt, einen möglichst großen Abzug zu erzielen. Auch kommt eine Beeinflussung der Schächte in Frage, sofern diese, und das wird nicht zu umgehen sein, ganz oder teilweise, zum aktuellen Maschinenraum gerechnet werden. Soweit diese Vermessung in einzelnen Ländern heute besteht, steht als Regulativ die britische Vermessung als die im Weltverkehr ausschlaggebende Vermessung daneben.

Zwischen diesen beiden Arten der Behandlung der Maschinenräume stehen Vorschläge, wie sie Dr. Schmidt und in Anlehnung daran neuerdings Judaschke gemacht haben. Beide Vorschläge laufen darauf hinaus, eine vollständige Vermessung der Maschinenräume im Rahmen einer grundsätzlich anders gestalteten Raumvermessung vorzunehmen, sie aber mit Rücksicht auf die Abgabenerhebung geringer zu bewerten. Es wird also ein willkürlicher Prozentsatz nicht vom Gesamtraumgehalt des Schiffes, sondern von dem für die Maschine vorhandenen Raum eingeführt. Beide rechnen die Kohlenbunker mit zum aktuellen Maschinenraum, Schmidt unter gesonderter Behandlung der Reservebunker. Es ist also eine vollständige Messung mit prozentualer Anrechnung. Ohne Zweifel umgehen diese Vorschläge die Fehler der jetzigen Vermessung. Sie lassen aber, abgesehen von anderen bleibenden Schwierigkeiten, das Kohlenbunkerproblem offen und führen einen schwer zu rechtfertigenden und niemals genau bestimmbaren Bewertungsfaktor ein. Die Fragestellung muß lauten: ist ein Raum abzugsberechtigt oder nicht, nicht aber: wie hoch soll ein Raum für den Abzug bewertet werden, damit er die gewünschte bestimmte Wirkung hat. Diese letztere Frage würde zu unendlichen Kämpfen führen.

Eine objektiv gerechte, eindeutige und keine Bindung enthaltende Abzugsmethode wird sich zunächst auf die Maschine selbst, auf ihre Art und ihre Leistung stützen müssen, da durch diese Faktoren allein die Größe des Maschinenraumes unter Ausschaltung aller Nebeneinflüsse und unter Berücksichtigung des Schiffes in seinem Verwendungszweck bestimmt wird. Nur auf diesen Grundlagen kann jeder Vorteil aus einem technischen Fortschritt voll zur Geltung gebracht und den wirtschaftlichen Absichten des Reeders oder Konstrukteurs entsprochen werden. Die Schwierigkeiten der praktischen Durchführung sind allerdings auch hier nicht zu unterschätzen. Die Anrechnung bestimmter Raumeinheitssätze für eine Pferdekraft würde deren Festsetzung und Staffelung in Abhängigkeit von Maschinenart und -leistung bedingen und außerordentlich kompliziert sein, auch fortwährender Nachprüfung und Ergänzung durch internationale Kommissionen bedürfen. Vielleicht könnte die Festsetzung von Mindestsätzen heute den Berufsgenossenschaften und der sozialen Gesetzgebung überlassen bleiben, vorausgesetzt, daß hierüber eine internationale Übereinstimmung zu erzielen wäre. Die soziale Gesetzgebung, die Rücksicht auf das Wohlergehen des Mannes auf seinem Arbeitsplatz sind heute, im Gegensatz zu früher, so außerordentlich schwerwiegende Faktoren, daß ein Mißstand auf diesem Gebiet sofort zu Beschwerden der Beteiligten und somit zur Abstellung führt. Es dürfte heute kein Reeder wagen, an Bord mangelhafte und gefährliche oder gesundheitsschädliche Maschinenräume einzubauen. Sein Schiff würde einfach keine Besatzung finden. Trotzdem würde eine gesetzmäßige Beschränkung nach unten nicht ohne Nutzen sein. Sie könnte ebenso festgesetzt werden, wie heute die Schaffung guter Unterkunftsräume für die Besatzung bereits durch Festsetzung eines Mindestkubik-Luftraumes pro Kopf und durch andere Bestimmungen auf dem Wege der sozialen Gesetzgebung weit klarer und einfacher erreicht wird als durch Bevorzugung dieser Räume durch komplizierte Vermessungsvorschriften. Sozialen Rücksichten konnte wohl mit Recht vor 50 und mehr Jahren ein Einfluß auf die Schiffsvermessungsordnung eingeräumt werden, da es damals den Begriff der sozialen Gesetzgebung und die allgemeine Anerkennung der Notwendigkeit sozialen Empfindens noch nicht gab. Heute liegen Verhältnisse und Anschauungen völlig anders, und es ist dringend erwünscht, eine so sachliche und nüchterne Vorschrift, wie die Schiffsvermessungsordnung es sein sollte, von der Absicht, soziale Wirkungen zu erzielen, zu befreien. Der allerdings anders gemeinte Vorschlag von Judaschke, an Stelle des „abzuziehen ist" zu sagen „muß vorhanden sein", verdient in diesem Sinne weiteste Beachtung. Es ist demnach wohl zu überlegen, ob nicht das Mindestmaß besser ganz außerhalb der Schiffsvermessungsordnung von den zur Lösung solcher Fragen berufenen Behörden und Körperschaften festgesetzt wird, ebenso wie dies bei den Mannschaftsräumen schon jetzt geschieht.

Anders verhält es sich mit der Begrenzung nach oben. Hier hat eine Begrenzung die Aufgabe, ungerechtfertigte und nur zur Erzielung persönlicher Vorteile des Reeders eingeführte Vergrößerungen des Maschinenraumes zu verhindern. Sie dient also nicht sozialen Absichten, sondern dem Schutz des gleich großen anderen Schiffes gegen Übervorteilung. Eine Begrenzung nach oben würde, ohne zu Eingriffen in die Konstruktionsfreiheit des Erbauers führen zu müssen, durch bestimmte, aus den örtlichen Verhältnissen an Bord herzuleitende Beschränkungen, sei es in der Längenausdehnung des Maschinenraumes oder durch andere Mittel, zu erreichen sein.

Die Einführung und Anrechnung von Einheitssätzen ohne Rücksicht auf die Art der Maschinenanlage, nur abgestuft nach der Leistung, würde, falls dabei von einem Zwang, den Rauminhalt des Abzuges auch tatsächlich zur Anwendung zu bringen, ganz abgesehen wird, außerordentlich fördernd auf die Anwendung hochwertiger Maschinen wirken, da es im Interesse der Wirtschaftlichkeit des Schiffes liegt und somit einem rein technischen Grundsatz entspricht, in einem kleinen Raum eine möglichst hohe Leistung zu vereinigen und dadurch rechnerisch einen möglichst großen räumlichen Abzug zu erreichen. Dadurch würde aber der Zweck der gegenwärtigen Raumvermessung, den erwerbstätigen Raum des Schiffes festzustellen, wieder hinfällig werden. Es ergibt sich daher die Notwendigkeit, die Festsetzung eines Raumabzuges nach Einheitssätzen auf Grund der Leistung der Maschine mit der Feststellung des tatsächlich vorhandenen ganzen Raumes unter möglichster Ausschaltung ungerechtfertigter Vergrößerungen zu verbinden. Für die Feststellung der Leistung würden sich voraussichtlich brauchbare und hinreichend zuverlässige Unterlagen finden lassen. Es stehen hierfür z. B. Kesseldruck, Rost- und Heizfläche, amtliche Indikatordiagramme, Zylindervolumina, Hubhöhen, Umdrehungszahlen zur Verfügung. Es dürfte sich empfehlen, hierbei möglichst auf die ersten Grundlagen der Leistungserzeugung zurückzugehen, um nicht neue Bindungen dem Maschinenkonstrukteur aufzuzwingen.

Die Summe der Schwierigkeiten und Bedenken gegen diese Art der Feststellung des Maschinenraumabzuges ist trotzdem immer noch außerordentlich groß. Muß das Verfahren an sich auch als gerecht bezeichnet werden, so bleibt allein schon die große Schwierigkeit, den Begriff des „aktuellen Maschinenraumes" überhaupt zu umgrenzen. Immerhin liegt in der Vereinigung von Mindesteinheitssätzen für die Leistung der betreffenden Maschinenanlage und Feststellung des tatsächlich vorhandenen Raumes unter Verhinderung ungerechtfertigter Raumvergrößerungen ein gangbarer Weg, vielleicht der einzige, um zu einem gleichmäßig und gerecht wirkenden Maschinenraumabzug zu kommen, der auch dem Konstrukteur freie Hand läßt.

Hiervon läßt sich natürlich nicht der Ausgleich zwischen Dampfer und Segler trennen. Auch dem Segler wird eine entsprechende Vergütung für Anlage, Gewicht und Unterhaltung oder Betrieb seiner Takelage, als seiner Antriebseinrichtung, in Form eines Raumabzuges erteilt werden müssen.

Die stillschweigende Voraussetzung hierbei ist die Ausschaltung des Raumes für Kohlenbunker.

Es ist zu prüfen, ob diese Ausschaltung berechtigt ist. Wie oben geschildert, bestand ursprünglich nicht die ausgesprochene Ansicht und Absicht, daß für den Brennstoff überhaupt ein Abzug zu gewähren sei. Es waren andere Gründe, die in erster Linie zu einem Zuschlag zum gemessenen Maschinenraum führten. Auch wurden vor 1854 nur die neben und über der Maschinenanlage liegenden Bunker mit abgezogen, nicht aber außerhalb dieses Bereiches liegende feste und Reservebunker. Daraus folgt schon an sich die grundsätzliche Abneigung, die Brennstoffräume zu den Abzügen zu rechnen. Es besteht außerdem eine tatsächliche Unmöglichkeit, den Bunkerraum immer vermessungstechnisch zu erfassen, weil er oft mit jeder Reise und selbst während der einzelnen Abschnitte einer Reise wechselt. Es besteht eine fortwährende Wechselbeziehung zwischen Brennstoff und nutzbringender Ladung sowohl dem Gewicht wie dem Raum nach, die nicht festgelegt werden kann. Eine Beschränkung auf „feste" Bunker oder auf Bunker, die in einer bestimmten Lage zur Maschinenanlage liegen, ist keine Lösung. Ganz gleich liegen die Verhältnisse bei dem kaufmännisch viel benutzten Begriff des „d. w." (dead weight). Dieser Begriff soll die nützliche Zuladung umfassen und schließt nicht nur die tatsächliche Ladung mit ein, sondern auch alle zum Betrieb des Schiffes erforderliche Zuladung, darunter Kohlen, Speisewasser, Proviant, Mannschaften usw. Es wird also unterschieden zwischen dem toten Gewicht des an sich betriebsfertigen Schiffes und dem Gewicht, das in seiner Gesamtheit das Schiff zu einer aktiven wirtschaftlichen Einheit macht. Hier gehören also die Bunkerkohlen mit zu der verdienenden Zuladung. Ebenso rechnet die Vermessung außerhalb des Doppelbodens liegende Speisewassertanks nicht zum Maschinenraum, sondern zieht sie gesondert ab, während sie Providerräume für die Mannschaft überhaupt nicht abzieht. Auch Maschinenvorräte werden nicht zum Maschinenraum gerechnet. Wenn aber Speisewasser und Maschinenvorräte nicht zum Maschinenraum gehören, so liegt kein Grund vor, die Brennstoffräume dazuzurechnen. Die Größe der Kohlenbunker und ihr Abtrag, den sie der Ladung nach Raum und Gewicht tun, wird nicht von den technischen Forderungen des Betriebes allein, sondern bei der Mehrzahl der Schiffe in erster Linie von kaufmännischen Erwägungen, nämlich von der Frage der billigsten Beschaffung beeinflußt.

Die Frage der Berechtigung des Abzuges für den Brennstoff hängt aber nicht nur von den eben erörterten Beziehungen ab, sondern sie ist grundlegend auf die Frage der Berechtigung des Abzuges für die Maschinenanlage überhaupt auszudehnen. Auch diese ist nicht von Anfang an bejaht worden, sondern 1854 ist nur deshalb dieser Abzug eingeführt worden, weil er, wie Moorsom sagt, von Einführung der Dampfmaschine auf Schiffen an immer gemacht worden ist. Man ist der grundsätzlichen Entscheidung unter dem Druck der Dampfschiffsinteressenten aus dem Wege gegangen. Die Frage ist also heute noch zur Erörterung und Entscheidung offen.

Wenn die Vermessung gerecht wirken soll, so muß sie Dampfschiffe und Segelschiffe gleichmäßig behandeln und nicht die einen vor den anderen bevorzugen. Ein Vergleich zwischen den Antriebsarten beider Arten von Schiffen läßt sich folgendermaßen darstellen.

Bei den Segelschiffen ist der Wind das Antriebsmittel, während die Segel durch Masten und Tauwerk die Reaktion des Windes auf das Schiff übertragen.

Dem Winde entspricht bei den Dampfschiffen die latente Wärme des Brennstoffes, den Segeln, Masten und Trossen entsprechen Schraube, Welle und Drucklager. Was zwischen der Kohle und dem Drucklager liegt, ist nur ein notwendiges Mittel zur Umsetzung des Antriebsmittels in treibende Kraft. Diese Wärme in Arbeit umsetzende mechanische Einrichtung muß in Kauf genommen werden, wenn das Antriebsmittel aus einem zufällig und gelegentlich wirkenden in ein zuverlässig und dauernd wirkendes umgewandelt werden soll.

Ein Reeder habe einen großen Segler von etwa 3000 B. R. T. gleich rund 8500 cbm auf einer bestimmten Route in Fahrt, der wegen der langen und langsamen Reise und der Schwierigkeit, unterwegs andere Häfen als Abgangs- und Zielhafen anzulaufen, darauf angewiesen ist, immer dieselbe Fracht, die die Ungunst dieser Verhältnisse verträgt, zu fahren. Dabei ist die Dauer der Fahrt immer unregelmäßig.

Der Reeder stellt nun folgende Überlegung an: Das Segelschiff läuft, wenn es hoch kommt, im Mittel 7 Meilen, meistens weniger, und kann wegen seiner Unbeweglichkeit in der Verwendung nur für ein oder einige ganz wenige Massengüter gebraucht werden. Wenn ich eine Maschine in das Schiff einbaue, die dem Schiff eine Geschwindigkeit von 7 Meilen erteilt, so verliere ich zwar an Laderaum und an Gewicht, gewinne aber erstens die Gewißheit und Zuverlässigkeit der Fahrtdauer, falls ich das Schiff in der bisherigen Fahrt lasse, zweitens die Möglichkeit, auch beliebig viele Zwischenhäfen anlaufen zu können, drittens die Möglichkeit, auch andere, wesentlich hochwertigere Ladung zu bekommen. Daneben laufen andere

Überlegungen, die sich auf die Verminderung des Freibordes und der Versicherungsprämie, Erhöhung der Frachtraten, Erhöhung der Kosten für die Mannschaft, Beschaffung der Kohle oder des Brennstoffs und schließlich Erhöhung der Hafenabgaben durch häufigeres Anlaufen von Häfen erstrecken. Auch ist der Preis für einen Dampfer höher als für einen Segler gleichen Bruttoraumgehaltes.

Wie stellen sich die tatsächlichen Verhältnisse. Der Segler hat bisher für den Segelraum, also seine Treibkraft, einen Abzug von höchstens 2½ % des Bruttoraumgehalts, also rund 215 cbm gehabt, während dasselbe Schiff als Dampfer für das Gewicht seiner Maschinenanlage, durch das seine Tragfähigkeit herabgesetzt wird, einen erheblichen Raumabzug erhält. Es steht also dem erheblichen Gewicht der Takelung auf dem Segelschiff ein solcher wesentlicher Abzug nicht gegenüber. Der frei werdende Unterschied im Gewicht der Seglertakelung und der Dampfertakelung mit allem Zubehör wird rund gerechnet 150 t betragen. Es werden also erspart: 215 cbm Raum und 150 t Gewicht.

Um dem zu einem Dampfer umgewandelten Segelschiff eine Geschwindigkeit von 7 Sm./St. zu geben, ist eine Maschinenanlage von etwa 500 i. P. S. höchstens erforderlich, deren Gewicht einschließlich aller sonst erforderlichen Einbauten im Schiff 140 t nicht überschreiten dürfte. Der erforderliche Kohlenvorrat soll für — sehr hoch gerechnet — 5000 Sm. reichen, also 720 Dampfstunden. Bei einem Gesamtkohlenverbrauch von 0,8 kg würde das einem Gewicht von $720 \times 500 \times 0{,}0008 = 280$ t entsprechen. Der Raumbedarf für diese Menge beträgt rund 350 cbm. Der Raumbedarf, oder besser gesagt, der erzielte Raum für die Maschinenanlage betrage 10 % des Bruttoraumgehaltes, der Abzug also 17½ % = 1485 cbm. Von dem aktuellen Maschinenraum entfallen etwa ¼ auf Schächte, die auf dem Segelschiff nicht vorhanden waren. Sie waren nicht im Brutto enthalten und dürfen daher im Vergleich nicht berücksichtigt werden. Ihre Größe sei 220 cbm:

Die Gegenüberstellung ergibt folgendes Bild:

Dampfer: Mehrgewicht:	Maschine 140 t; Kohlen 280 t	= 420 t
Segler: Mindergewicht:	Takelung 150 t;	= 150 „
Dampfer: Mehrgewicht gegenüber dem Segler:		= 270 t
Dampfer: Raumverlust:	Maschine 630 cbm (ohne Schächte)	
	Kohlen 350 cbm	= 980 cbm
Segler: Raumverlust:	Segelkammer 215 cbm	= 215 „
Dampfer: Raumverlust größer gegenüber dem Segler		= 765 cbm.

In der Vermessung aber werden dem Dampfer 1485 — 220 (für Schächte) = 1265 cbm oder 500 cbm mehr angerechnet.

Einschließlich Kohlenbunker hat der Dampfer gegenüber dem Segler einen Verlust an Tragfähigkeit von 270 t, an Laderaum von 765 cbm, dagegen eine Verkleinerung des Nettoraumgehaltes um 1265 cbm.

Werden die Kohlen teilweise in einem offen gemachten Aufbau untergebracht, so verliert der Dampfer noch weniger Laderaum. Werden 175 t so gelagert, so ist der Gewinn 200 cbm und der Verlust an Laderaum nur noch 565 cbm.

Im Einzelnen erörtert, erhält der Segler für die 150 t, die bei ihm für Treibkraft aufgewendet sind, einen Abzug von höchstens 215 cbm, also 1,43 cbm/t, der Dampfer für die Maschine mit einem Gewicht von 140 t einen Abzug von 1485 — 350 (für Kohlen) = 1135 cbm, also 8,0 cbm/t. Das bedeutet eine ungeheure Bevorzugung der Dampfer, obwohl diese in der Hand des Kaufmannes ein sehr viel willigeres Werkzeug sind, als die Segelschiffe.

Rechnet man den vorhandenen Laderaum einschließlich der Räume für Treibkraft auf einem solchen Segelschiff zu 7900 cbm, so würde der tatsächliche Verlust für das Segelschiff 215 cbm oder 2,7 % betragen, auf dem entsprechenden Dampfer 980 cbm oder 12,4 %, oder falls ein Teil der Kohlen im Aufbau gefahren wird, 780 cbm oder 9,9 %, der angerechnete Verlust, der sich in der günstigeren Vermessung ausdrückt aber 16,1 %. Gelingt es dem Dampfer aber, die Grenze von 13 % zu erreichen, so würde sich dieser letztere Satz auf 31,8 % erhöhen.

Mit der Umwandlung des Seglers in einen Dampfer ist aber ein tatsächlicher Gewinn an Freibord von etwa 180 mm, entsprechend einem Gewinn an Tragfähigkeit von rund 200 t verbunden. Dadurch vermindert sich der vorher errechnete Verlust an Tragfähigkeit von 270 t in Wirklichkeit auf nur 70 t.

Besteht ein solches Verfahren zu Recht?

Diese Frage muß bei unvoreingenommener Prüfung verneint werden.

Die Frage, ob eine Maschine und mit welcher Leistung sie in das Schiff eingebaut werden soll, ist ausschließlich Gegenstand kaufmännischer Erwägung. Gewiß treten bei Einbau einer Maschine Verluste auf, der Reeder nimmt aber diese Verluste in Kauf, weil er trotzdem für sein Schiff aus den allgemeinen Vorteilen des Dampfers heraus eine größere Wirtschaftlichkeit errechnet hat. Nur nach den Gesetzen der Wirtschaftlichkeit bestimmt er, was für Schiffe er auf die einzelnen Linien setzen will, ob Dampfer oder Segler, wie groß ihre

Geschwindigkeit sein soll usw. Mit steigender Maschinenleistung erhöht er die Transportleistung seines Schiffes und den Wert der Ladung. Bringt der Reeder aber mit dem Einbau einer Maschine kein Opfer, gefährdet er dadurch nicht die Wirtschaftlichkeit seines Unternehmens, sondern erhöht diese sogar, so ist er auch nicht berechtigt, dafür eine besondere Belohnung in Anspruch zu nehmen, zumal wenn diese Belohnung sich nicht im einfachen Verhältnis der Leistung steigert. Alle diese Erwägungen treffen auf Maschinen und Dampfer jeder Leistung zu. Hochwertige Maschinenanlagen nach Art und Leistung entspringen lediglich dem Wunsche des Reeders, die Verdienstkraft seines Schiffes zu erhöhen. Wenn dafür Abzüge bei der Größenfeststellung verlangt werden, so entspringt dies der falschen Anschauung, daß der Laderaum als allein verdienender Raum dadurch beeinträchtigt wird, während doch in Wirklichkeit die Maschinenanlage ein wichtiger Faktor, der mitbestimmend in seiner Art ist, zur Hebung der gesamten Verdienstkraft des Schiffes ist. Bei der Kalkulation der Dampfschiffe spielt heute naturgemäß die Ersparnis an Hafenabgaben auf Grund der jetzigen Vermessung eine nicht unwesentliche, wenn auch gegenüber den sonstigen Verdienstfaktoren beschränkte Rolle. Solange die gegenwärtigen Verhältnisse so bleiben, kann und muß das auch so bleiben. Die Vermessung soll sich aber immer bewußt sein, daß sie gerechte Unterlagen für den Größenvergleich der Schiffe untereinander zu schaffen hat. Solange aber zwischen Segelschiff und Dampfschiff eine so ungleichmäßige Behandlung des Abzuges für Treibkraft besteht, muß dahin gestrebt werden, diesen Unterschied zu beseitigen.

Zur Unterstützung der aufgestellten Grundsätze sei noch auf einige Punkte hingewiesen.

Wie bereits ausgeführt, ist die Berechtigung des Abzuges für Treibkraft von Anfang an bestritten und als eine starke und einseitige Bevorzugung der Dampfer empfunden worden. Solange die Verwendbarkeit des Dampfschiffes im allgemeinen Handelsverkehr nicht feststand, ist kein Abzug gemacht worden (1812—1819). Erst als sich die große Zukunft öffnete, ist dies zur Unterstützung der englischen Handelsflotte geschehen. Also ein gerechtfertigter Grund liegt nicht vor.

Dann sei auf die willkürliche Begrenzung des Abzuges nach oben auf 55 % des verringerten Bruttoraumgehaltes hingewiesen. Es liegt auf der Hand, daß diese Begrenzung, wenn überhaupt ein Abzug zugestanden werden soll, ungerechtfertigt ist, und daß hierin ein Eingeständnis der dem inneren Wesen nach unzulässigen Gewährung des Abzuges liegt. Die Tatsache, daß diese Beschränkung nur äußerst selten zur Anwendung kommt, wenigstens bei großen Schiffen, ändert an der grundsätzlichen Beurteilung nichts. Wenn ein Abzug und ein Zuschlag zu diesem Abzug zugesichert und gesetzlich festgelegt wird, so gibt es keinen Grund, diese bei sehr großen Maschinenanlagen teilweise oder ganz zu verwehren, welche Begründungen man dafür auch vorbringen mag. Tut man es trotzdem, so liegt darin ein Eingeständnis, daß der ganze Abzug nicht zu Recht besteht. Es ist eine große Härte, nachdem vorher die Vergünstigung bei wachsender Maschinenanlage immer größer geworden ist, bei einer bestimmten Größe plötzlich scharf einzugreifen und noch größere Maschinenanlagen zu strafen. Wollte man die anerkannt üblen Folgen des Systems beseitigen, so hätte man den Zuschlag für alle Maschinen verringern oder ihn nach dem Prozentsatz für die Maschinenräume staffeln sollen; ein Eingriff in den grundsätzlich anerkannten Abzug für die Maschinenanlage selbst war rechtswidrig.

Wie groß die unberechtigte Bevorzugung der Dampfer werden kann, geht daraus hervor, daß einige englische Häfen, in denen hauptsächlich kleine Küstendampfer verkehren, die unter dem gegenwärtigen System ganz besonders günstig fahren, im Interesse ihrer immer mehr schwindenden Hafenabgaben sich gezwungen gesehen haben, ihre Anschreibungen nach dem Bruttoraumgehalt zu machen und nicht, wie sonst allgemein üblich ist, nach dem Nettoraumgehalt.

Zurückkehrend zur Frage des Abzuges für die Kohlenbunker ist zu sagen, daß, nachdem festgestellt ist, daß weder historisch noch rechtlich und wirtschaftlich ein festbegründeter Anspruch auf den Maschinenraumabzug besteht, dieser Anspruch für die Kohlenbunker noch viel weniger als berechtigt zugegeben werden kann. Der motorischen Energie des Windes beim Segler entspricht die Wärmeenergie der Kohle, die vom Besitzer des Schiffes im eigenen wirtschaftlichen Interesse mitgeführt wird, um sich die geregelte und ungestörte Fortbewegung seines Schiffes zu sichern. Das ist kein Opfer oder eine sozial begründete Maßnahme für die Sicherheit des Schiffes, die eine Vergünstigung verlangt, sondern wenn der Reeder die Antriebsquellen für sein Schiff sich selbst schafft, so folgt er dabei nur seinem eigenen Interesse genau so, wie er das tut, wenn er für das eine Schiff eine größere Geschwindigkeit festsetzt als für das andere.

Praktisch ist zu beachten, daß eine alle Ansprüche gerecht treffende Vermessung der Kohlenbunker ausgeschlossen ist, da die Größenfestsetzung für die Bunker — von den Reservebunkern und ihrer Beweglichkeit ganz zu schweigen — nicht entsprechend der Leistung der Maschine erfolgt, sondern sich nach der Leistungsfähigkeit der auf der Route liegenden Kohlenstationen und dem dort zu zahlenden Kohlenpreis richtet. So hat ein nach Südamerika fahrender Dampfer weit größeren Bunkerraum als ein gleich großer Dampfer mit gleicher Maschinenanlage, der in der mit Kohlenstationen reichlich versehenen Ostasienfahrt steht. Auch der Gehalt an Wärmeeinheiten des Brennstoffs (Kohle und Öl) einerseits und andererseits der thermische Wirkungsgrad der gewählten Maschinenart üben ihren weitreichenden Einfluß aus. Ein Motorschiff, dessen Maschine den 2- bis 3-fachen thermischen Wirkungsgrad hat wie eine normale Dampfmaschine, braucht für die ganze Reise hin und zurück unter Umständen einen geringeren Bunkerraum als das sonst gleiche Dampfschiff für eine Teilstrecke, wobei der geringe Stauraum des Öles noch unterstützend hinzutritt. Es besteht also eine derartige Vielgestaltigkeit, daß ein gerechter Ausgleich zur Unmöglichkeit wird.

Dem Abzug für den Kohlenbunker muß daher aus theoretischen und praktischen Gründen eine Berechtigung und überhaupt die Möglichkeit der Durchführung abgesprochen werden.

Betrachtet man Brennstoff- und Maschinenräume unter dem Gesichtswinkel des immer noch bestehenden Grundsatzes der heutigen Raumvermessung, daß durch sie der ertragsfähige, also verdienende Raum festgestellt werden soll, so ist abschließend zu sagen, daß aus den angeführten Gründen diese Räume von dieser Kennzeichnung des Raumes nicht ausgeschlossen werden können. Wenn die Maschinenanlage den Ertragswert des ganzen Schiffes, als wirtschaftliche Einheit genommen, erhöht oder auf gleicher Höhe mit einem Segelschiff hält, das heute doch in seiner Größenfeststellung wesentlich benachteiligt ist, nicht aber ihn herabsetzt, so muß der Maschinenraum und der Brennstoffraum mit zu den verdienenden Räumen des Schiffes gerechnet werden. Dr. Schmidt schlägt vor, sie zu den indirekt verdienenden zu rechnen. Es ist aber durchaus berechtigt, sie auch zu den direkt verdienenden zu rechnen, da die Geschwindigkeit eines Schiffes, d. h. die Schnelligkeit und Zuverlässigkeit der Beförderung, einen wesentlichen Faktor in der Verdienstkraft des Schiffes überhaupt darstellt, bei Passagierschnelldampfern sogar entscheidend ist. Deshalb kann eine vollständige Lösung des Problems nur durch Belassung der Treibkrafträume im Nettoraumgehalt erreicht werden.

Aus einer solchen Erhöhung des Nettoraumgehaltes erwachsen dem Dampfer natürlich erhöhte Lasten durch die Hafenabgaben. Der Posten Hafenabgaben in der Ertragsrechnung eines Schiffes hat aber gegenüber den Einnahmen aus der Fracht des Schiffes keineswegs eine so überragende Bedeutung, daß das Hinzutreten der Größe der Maschinenräume zum Nettoraumgehalt die Ertragsfähigkeit eines Dampfers über den Haufen werfen könnte. Eine beim fortwährenden Schwanken der Frachtraten kaum bemerkbare Erhöhung der Frachtsätze oder ein Anpassen der hierfür in Frage kommenden Tarifsätze der Häfen, würde hier leicht einen Ausgleich schaffen. Durch diese neue Bewertung der Maschinenräume würde aber nicht nur ein schwerer Mangel der Schiffsvermessung beseitigt, sondern es würde vor allen Dingen eine gesunde Grundlage für den Wettbewerb zwischen Segelschiff und motorisch fortbewegtem Schiff geschaffen werden. Außerdem aber wird dadurch jede Bindung des Konstrukteurs in Gestaltung und Größe des Maschinenraumes beseitigt. Die Beseitigung des Maschinenraumabzuges setzt selbstverständlich auch die Beseitigung des Segelraumabzuges auf Segelschiffen voraus.

Statistisch liegt hierin ein großer Fortschritt, da Segel- und Dampfschiffe gleichgestellt werden. Trotzdem wird eine Vermessung der für die Treibkraft vorhandenen Räume aus statistischen und Wohlfahrtsgründen vorzunehmen sein, und zwar zu dem Zweck, um das Vorhandensein des gesetzlich vorzuschreibenden Luftraumes festzustellen und um die Unterlagen zur statistischen Erfassung des auf der ganzen Handelsflotte vorhandenen reinen Laderaumes zu schaffen. In ähnlicher Weise werden heute die von der Vermessung ausgeschlossenen Räume immer mit aufgemessen, um sie im Meßbrief als solche aufführen zu können.

Zusammenfassung.

Das Ergebnis der vorstehenden Untersuchung über den Maschinenraumabzug läßt sich in folgende Punkte zusammenfassen:

1. Die Berechtigung eines Abzuges für Treibkraft ist niemals klar erwiesen und ausgesprochen worden. Von Anfang an haben starke Bedenken gegen ihn bestanden. Bei den ersten Dampfschiffen bis 1819 hat ein Abzug nicht stattgefunden.

2. Die Methode der Berechnung des Maschinenraumabzugs ist 1854 gewählt worden, um Unzuträglichkeiten, die sich aus dem alten Gesetz von 1835 ergeben hatten, zu vermeiden. Die Regeln für den Abzug wurden so gewählt,

daß die Größe des Abzuges nach dem neuen Gesetz möglichst dem nach dem alten Gesetz entsprach.

3. Der Zuschlag zum aktuellen Maschinenraum bezieht sich nicht grundsätzlich auf den Brennstoff. Ein Abzug für den Brennstoff hat nicht in der Absicht des ursprünglichen Gesetzes gelegen.

4. Durch den Abzug tritt heute eine Bindung des Konstrukteurs und eine Hemmung in der vollen Ausnutzung technischer Fortschritte, also gebotener wirtschaftlicher Vorteile ein.

5. Die Erfüllung sozialer Aufgaben gehört nicht mehr in die Schiffsvermessungsordnung, sie wird heute durch andere Faktoren erzwungen.

6. Bei Beibehaltung eines Abzuges für die Treibkraft genügt daher das Vorhandensein eines vorgeschriebenen Mindestraumes, im übrigen die Messung des vorhandenen Raumes unter Bekämpfung jedes Versuchs einer übermäßigen Ausdehnung.

7. Die gegenwärtige Methode der Maschinenraumabzüge stellt eine ungerechtfertigte, einseitige Bevorzugung der Dampfer gegenüber den Segelschiffen dar.

8. Das Segelschiff genießt für das erhebliche Mehrgewicht an Takelage gegenüber dem Dampfer keine Vergütung. Billigerweise muß ihm dafür eine entsprechende Vergütung durch einen Raumabzug gewährt werden.

9. Da der Einbau einer Maschine die Verdienstkraft eines Schiffes aber nicht vermindert, sondern erhöht, so ist ein Abzug für Treibkraft überhaupt unberechtigt. Die Wahl und die Stärke des Antriebsmittels entspringt nur kaufmännischer Überlegung. Diese Verwerfung des Abzuges für Treibkraft muß sich gleichmäßig auf alle Schiffe, Segler und motorisch angetriebene Schiffe, erstrecken.

10. Demzufolge ist überhaupt jeder Abzug für Treibkraft als geschichtlich und wirtschaftlich unberechtigt abzulehnen.

11. Eine derartige Neuregelung schafft für Segelschiffe und motorisch angetriebene Schiffe eine gleichmäßige Größengrundlage und dadurch wirtschaftliche Gleichstellung, und für den Konstrukteur völlige Freiheit in der Ausbildung des Maschinenraumes. Eine Mehrbelastung für Dampfer kann durch eine Tarifänderung der Häfen ausgeglichen werden.

Die Schiffsvermessung ist ein viel zu schwieriges Gebiet, als daß sie eine gewaltsame, plötzliche und einseitige, d. h. von einem einzelnen, außer einem führenden, Lande eingeführte Änderung vertragen könnte. Der Betrieb der Schiffahrt und die Statistik verlangen eine gewisse Vorbereitungs- und Übergangszeit, vor allen Dingen aber eingehende Prüfung jeder Neuerung. Die Vorschläge und Kritiken, die in dieser Abhandlung gemacht worden sind, wollen nicht als endgültige und das Problem völlig lösende angesehen werden. Sie sind abänderungs- und verbesserungsfähig wie jeder andere Vorschlag. Wenn es aber gelungen ist, die eigenartige Wirkung der jetzigen Vorschriften klarzulegen und bestimmte Richtungen anzugeben, deren Befolgung zu einer gleichmäßigen Behandlung aller Schiffe führen könnte, und wenn dadurch die Anregung zu einer ernsten Prüfung der geschichtlichen Grundlagen und zu einer Kritik der wirtschaftlich-technischen Anschauungsweise der Vermessung und ihrer Einzelheiten gegeben würde, so wäre damit schon wesentliches erreicht.

Anhang.

Folgender Auszug aus einem Schreiben des Reeders Allan Gilmour, gerichtet von ihm an die Reeder Englands beim Beginn der Parlamentssession im Jahre 1851, kennzeichnet die Anschauungen weiter Reedereikreise über den Maschinenraumabzug in der Zeit vor Einführung des Moorsomschen Gesetzes. Das Schreiben mit seinen Anlagen ist dem Buch von G. Moorsom, A brief Review and Analysis of the laws of Tonnage etc., London 1853, entnommen:

„. . . . but there is another point which will require to be considered and decided upon in connexion whith this Measurement Bill, that is, the allowance or deduction on tonnage to steamers for engine-room, etc., which is from about one-third to about one-half of the whole tonnage of these vessels.

In the letter and statement to Mr. Labouchère, copies of which are now subjoined, I have given my opinion, on this part also; and I have farther to say that subsequent information and observation have served to confirm me in the justice, propriety, and necessity of the views therein stated; and, in support thereof, I beg leave to refer to the Report on Admeasurement of Shipping laid, — before the House of Commons in February, 1834, wherein it is said, — „That in registering the tonnage of steamvessels, instead of deducting the length of the engine-room (according to the present mode) an allowance shall be made of one-fourth of the whole tonnage, as obtained by Rule No. 1." And in the Report on Tonnage as ordered to be printed by the House of Commons on the 15th February, 1850, it is thus stated: „But the Committee beg to suggest that the deduction of the engine-room is an advantage given to steam over sailing vessels, and is a question which merits consideration by the proper authorities, although the Committee do not deem it within their province to enter upon." These Reports, it will be seen, lay it down most distinctly that the allowance now made to steamers ought not to be made; but I do not ask to decide the question from these alone, I would wish it is to be taken on its own merits, and I am willing to have it adjusted accordingly.

I am convinced none but those interested in steamers, or those who do not comprehend the bearing of the subject, will oppose the views I set forth in this matter; and I am certain that even they can give no good, sound, or just reasons in support of the allowance. I believe all they can, or do urge, or plead for, is —" Do not ask for a reduction on the allowance of tonnage to steamers, but, as an equivalent to sailing ships, insist on an allowance or deduction on their tonnage." I am entirely opposed to any such arrangement. I maintain that the tonnage of every vessel entering the ports of the United Kingdom, whether British or Foreign, should be ascertained by one and the same rule, without any allowance whatever."

Abschrift aus dem erwähnten Schreiben Gilmours an Labouchere vom 13. April 1850.

„The other point I wish to see put right is, the deduction or allowance made on the tonnage of steamers; and it affords me great satisfaction in saying that Mr. Parsons, and I believe also Mr. Moorsom, entirely agree with me in this. I am satisfied we are right in it, and the principle is decidedly laid down in the Report of the Committee on which your measure is framed; this deduction, therefore, on the tonnage of steamers ought not be made any longer. I am fully persuaded no steam-boat owner or steam-boat company, however powerful, can give one good or honest reason in justification of the deduction."

Abschrift aus der erwähnten Darlegung:

„I would now consider the allowance or deduction proposed to be made to steam-vessels, of a space for engine-room etc. I am much pleased to find that the Report of the Committee on which this Bill is founded lays that down as an advantage given to steam over sailing vessels, and with which I am sure every one having any knowledge of the subject must agree. I have discussed this point with practical and scientific men at various ports, and I must admit that, at first sight, many of them were of opinion that steamers were entitled to some allowance; but, on considering a little, it was soon discovered that, on the same principle, an allowance should be made on the tonnage of sailing vessels for the extra water, provisions, room for sails, seamen, etc., that sailing vessels require to carry, compared with steamers. I may safely assert, then, that on all hands it is admitted that, if an allowance is to be made to steamers, an allowance should also be made to sailing vessels; but I maintain it is decidedly wrong to make any allowance to either, and more especially in the way that is now done to steamers, because I believe that advantage is most improperly used, and an opening is made for fraud and imposition — as there is reason to believe that, in many cases, if not very generally, more space is taken in steamers than is necessary for the engine-room; and as this additional space allowed is in the most buoyant part of the vessel, and where the greatest power of floatation or displacement is, the advantage thereby gained by steamers generally is also greatly increased.

If, then, improper deductions or allowances are now made, for I know that different surveyors at different ports do not measure ships in the same way — what, I ask, may to be expected if the system is not only to be continued to steamers, but to be extended to sailing ships? At present a deduction or allowance is made on the tonnage of steamers of from one-third to about one-half of the whole amount of the tonnage, so that the saving to this class of our navy, in dues alone, of various descriptions, may be put in these times as a fair profit.

I may be told that a steamer carries no freight or passengers in the engine-room, and that it is not used for these purposes — which, however, I do not believe to be always the case; but even if the whole space first taken up is ever after kept up as the engine-room, still I maintain that it is a part of the vessel, and the most important and necessary part. It contains the propeling power, without which the vessel would be comparatively unserviceable, through means of which more freight is earned in one-fourth or one-third of the time occupied by a sailing vessel, for the rate both of passage money and freight of goods is from about three to four times greater than by sailing vessels, and in some cases even a greater difference; and the risk by steamers being so much less, insurance is also less.

But this allowance requires to be looked at in another point of view, and it is well worthy the calm and serious consideration of the statesman of this maritime nation, on national grounds."

Verwendete Bücher und Zeitschriften.

Die beigesetzten Seiten- und Absatzzahlen bezeichnen diejenigen Stellen der Arbeit, für welche die betreffenden Bücher und Zeitschriften wesentlich als Grundlage gedient haben.

G. Moorsom, A brief Review and Analysis of the laws for the Admeasurement of Tonnage, 2. Ed., London 1853. S. 6, Abs. 1; S. 39, Abs. 3.

G. Moorsom, On the new Tonnage Law, as established in the Merchant-Shipping-Act of 1854. Transactions of the Inst. of naval Architects 1860. S. 6, Abs. 1 u. 2; S. 6, Abs. 3 (Disk.: Ditchburn, Scott Russel); S. 7, Abs. 2; S. 8, Abs. 5; S. 9, Abs. 3; S. 10, Abs. 2—6; S. 17, Abs. 2; S. 35, Abs. 1; S. 36, Abs. 1.

Samuel Read, Investigations and observations with reference to the laws for the Measurement of the tonnage of shipping, Transactions of the Inst. of naval Architects 1860. S. 6, Abs. 3 (zu der Angabe über Chapman).

The report of the international tonnage commission assembled at Constantinople in 1873 (enthalten in „Instructions and regulations relating to the measurement of ships and tonnage", London 1907, S. 57.) S. 11, Abs. 3.

A. G. Ramage, Minimum Net Register, and its effect on Design, Transactions of the Inst. of naval Architects 1898.

A. Isakson, Die Anwendung der Schiffs-Vermessungs-Gesetze in verschiedenen Staaten, Vortr. vor dem „Congrès international d'Architecture et de Construction navale", Paris 1900 (deutsch im Jahrbuch der Schiffbautechnischen Gesellschaft 1901).

A. Isakson, On the present failure of the british tonnage system, Vortrag vor d. International Maritime Congress, Kopenhagen 1902.

J. Maxton, Registered tonnages and their relation to fiscal charges and design, Transactions of the Inst. of naval Architects, 1903.

A. Isakson, Die gegenwärtige unbefriedigende Vergleichsstatistik der Handelsflotten, Jahrbuch der Schiffsbautechnischen Gesellschaft 1904.

Report of the committee on tonnage, London 1906.

W. Laas, Änderung der Schiffsvermessung, Hamburg 1907.

W. Laas, Die Nettovermessung der Segelschiffe, Berlin 1908.

Dr. Walther Vogel, Die Grundlagen der Schiffahrtsstatistik, Ein kritischer Beitrag usw., Berlin 1911, Heft 16 der Veröffentl. d. Inst. f. Meereskunde, S. 6; S. 40, Abs. 2.

Dipl.-Ing. Ernst Waldmann, Einfluß der Schiffsvermessung auf die Stabilität der Schiffe, Berlin 1911.

R. Schmidt, Ein schiffbautechnischer kritischer Beitrag zur Vermessungsfrage, „Schiffbau", XIII. Jahrg. Nr. 5, 6 u. 7. S. 32, Abs. 2; S. 41, Abs. 3.,

Dipl.-Ing. Herner, Probleme der Weltwirtschaft 11. Hafenabgaben und Schiffsvermessung, Ein kritischer Beitrag usw. Jena 1912. S. 6, Abs. 1.

Dipl.-Ing. Herner, Die Neugestaltung der Hafenabgaben und der Schiffsvermessung. Jahrbuch der Schiffsbautechnischen Gesellschaft 1913. Berlin.

Betänkande och Förslag av särskilt tillkallade sakkunniga för Revision av skepps mätningsförfatt ningarna, ar 1917. Stockholm 1918.

Franz Judaschke, Der Aufbau der Handelsflotte und die Vermessungsfrage. „Schiffbau", XIX. Jahrgang Nr. 15 u. 16. S. 32, Abs. 2; S. 33, Abs. 1.

A. T. Wall, The tonnage of modern steamships, Vortrag vor der Institution of naval Architects 1919. Engineering Vol. 107, Nr. 2782, S. 529 u. 549—550. S. 20, Abs. 2; S. 38, Abs. 3.

Andrea F. Luckenbach, Shipbuilding and Shipping Record, Vol. 14, Nr. 14 vom 2. Okt. 19, S. 375 ff. S. 29, Abs. 2.

Lebenslauf.

Geboren am 15. März 1876 in Giclow in Mecklenburg-Schwerin als Sohn des dortigen Pastors Eduard Albrecht, erhielt ich den ersten Unterricht bis zur Untertertia von meinem Vater. Vom Jahre 1888 an besuchte ich die Großherzogliche Domschule (Gymnasium) in Güstrow, die ich im Herbst 1895 mit dem Zeugnis der Reife verließ. Ich studierte dann an der königl. Technischen Hochschule zu Berlin Schiffbau, arbeitete in der Helwigschen Maschinenfabrik meines Heimatortes und auf der Neptunwerft in Rostock praktisch und bestand im Frühjahr 1899 die Diplomvorprüfung. Nachdem ich in einer Ferienstellung im technischen Büro des Stettiner Vulcan im Jahre 1900 und vom 1. April 1901 bis zum 1. Oktober 1902 als technischer Hilfsarbeiter im Konstruktionsdepartement des kaiserl. Reichsmarineamtes tätig gewesen war, bestand ich am 30. November 1903 in Charlottenburg die Diplomhauptprüfung für Schiffbau. Am 1. März 1904 trat ich darauf in das technische Büro der G. Seebeck A.-G. in Bremerhaven ein; am 1. Juli 1906 ging ich von hier in das Schiffbaukonstruktionsbüro der Friedr. Krupp A.-G. Germaniawerft in Kiel über. Von hier aus wurde ich am 1. Oktober 1910 Konstruktionsingenieur am Lehrstuhl für praktischen Schiffbau an der königl. Technischen Hochschule zu Berlin. Nach Kriegsausbruch meldete ich mich in freiwilliger Bereitschaft zur Kriegsarbeit auf den Werften und trat am 1. September 1914 bei der Blohm & Voß Kommanditges. a. A. in Hamburg in den Torpedobootsbau ein. Hier blieb ich 4 Monate. Am 1. Januar 1915 trat ich dann in die Verwaltung des Staates Hamburg als technischer Beamter des höheren Verwaltungsdienstes über und übernahm hier als Schiffsvermessungsinspektor die Leitung der Schiffsvermessungsbehörde.

MIX
Papier aus verantwortungsvollen Quellen
Paper from responsible sources
FSC® C105338

If you have any concerns about our products,
you can contact us on
ProductSafety@springernature.com

In case Publisher is established outside the EU,
the EU authorized representative is:
**Springer Nature Customer Service Center GmbH
Europaplatz 3, 69115 Heidelberg, Germany**

Printed by Libri Plureos GmbH
in Hamburg, Germany